食品发酵理论与技术研究

刘晔　著

中国水利水电出版社
www.waterpub.com.cn
·北京·

内 容 提 要

本书主要以食品发酵研究为基本点，分别从基本原理、现代物流、发酵食品的有害物质研究、发酵食品与健康的研究等全方面对食品发酵进行具体分析。本书主要内容有食品发酵的理论基础、食品发酵的种类与技术研究、食品发酵的微生物学原理基础研究、食品发酵有害物质研究与消除策略、发酵食品与健康、发酵食品的保鲜技术与贮藏技术等。

本书内容涵盖面广，逻辑紧密，深入浅出，适合作为现代食品研究技术人员的参考用书，同时也为对食品安全感兴趣的人员提供有益的参考资料。

图书在版编目（CIP）数据

食品发酵理论与技术研究 / 刘晔著. -- 北京 : 中国水利水电出版社, 2018.8 (2024.1重印)
ISBN 978-7-5170-6370-4

Ⅰ. ①食… Ⅱ. ①刘… Ⅲ. ①食品—发酵—研究
Ⅳ. ①TS201.3

中国版本图书馆CIP数据核字(2018)第211236号

责任编辑：陈 洁　　封面设计：王 伟

书　名	食品发酵理论与技术研究 SHIPIN FAJIAO LILUN YU JISHU YANJIU
作　者	刘晔 著
出版发行	中国水利水电出版社 （北京市海淀区玉渊潭南路1号D座 100038） 网址：www. waterpub. com. cn E-mail：mchannel@263. net（万水） sales@waterpub. com. cn 电话：（010）68367658（营销中心）、82562819（万水）
经　售	全国各地新华书店和相关出版物销售网点
排　版	北京万水电子信息有限公司
印　刷	三河市元兴印务有限公司
规　格	170mm×240mm　16开本　12印张　219千字
版　次	2018年9月第1版　2024年1月第2次印刷
印　数	0001-2000册
定　价	48.00元

作者简介

刘晔，生于1969年，副教授，山东大学发酵工程学硕士，山东省工业微生物协会会员，现任教于齐鲁工业大学生物工程学院酿酒工程系。任职期间参与国家自然基金《难降解水溶性木素及衍生物的氧化酶催化》中氧化酶的催化工作，多次参与山东省自然科学基金课题及《综合香型白酒的研制》等横向课题，授权实用新型专利五项，先后发表中文核心期刊论文数篇，参与编写高等教育出版社教材《发酵工程原理与技术》中的第十六章固定化酶和固定化细胞技术原理。

前　言

发酵食品历史悠久且具有丰富的营养价值和保健功能，深受广大消费者的喜爱，在食品工业和人们的日常生活中占据重要地位。我国地域广阔，农产品种类和气候差异较大，发酵食品种类多，口感和风味多样，极大地丰富了我国人民的日常生活。然而，我国发酵食品生产多采用传统工艺，总体技术含量及工业化程度低，劳动强度大，产品质量不稳定，技术发展相对滞后，亟须对传统的发酵工艺进行技术革新，整体提升水平，特别是在液体发酵中，采用无菌管道输送、自动接种、智能控制发酵、全自动灌装等技术，既能提高生产效率及产品品质，又能更好地保证产品安全。近年来，生物技术、机械制造技术得到了迅猛发展，大批具有生产潜力的微生物菌种以及自动化程度高的发酵设备相继应用于发酵领域，极大地推动了传统发酵食品的工业化进程。

本书共分为6章。第一章介绍食品发酵的理论基础，包括食品发酵的特点、分类、研究现状以及菌种的选育和保藏。第二章介绍食品发酵的技术，阐述了酒类发酵技术、调味品发酵技术、蔬果发酵技术以及肉制品发酵技术，本章是本书的重点内容。第三章介绍食品发酵的微生物学原理基础，包括微生物的生化机理、代谢类型、物质转化等。第四章介绍食品发酵有害物质的消除策略，主要阐述了食源性致病微生物的消除方法。第五章介绍发酵食品与健康，阐述了酵素的来源、酵素对不同人群的功效以及不同酵素的混搭使用效果。第六章介绍发酵食品的保鲜技术与贮藏技术，包括发酵食品保鲜技术的发展及趋势和发酵食品的具体贮藏方法，在此主要介绍了空气调节保鲜技术、低温贮藏技术、灌装贮藏技术以及干制贮藏保鲜技术。

本书参考并引用了大量相关文献，在此我们对相关作者深表感谢。由于作者学识与经验有限，加之时间匆促，书中谬误之处难以避免，恳请同行专家和读者不吝指正。

齐鲁工业大学（山东省科学院）
刘　晔
2018年4月

目　录

第一章
食品发酵的理论基础

在中国，发酵食品已有很长的历史，其内涵非常丰富。发酵食品的口味和质地较好，比较适合中国人的口味，国人对其比较喜爱，现在逐渐向其他地区和国家传播，在一定程度上影响了世界饮食结构和文化。通过多种试验证明，发酵食品同样具有多种营养保健功能。发酵食品的制作离不开微生物。发酵食品的传统生产是通过自然控制生产条件从而促使多种微生物在原料中生长、作用的过程。先辈们经过多年的生活经验总结出了上述方法，但是这种方法存在一些缺点，如它对自然环境的依赖程度太高，不可以连续生产；多为家庭式作坊生产，产品质量很难保持一致；不利于规模化和现代化生产，等等。

第一节 发酵食品分类特点及质量标准

发酵食品是指加工制造过程中用到微生物的一类食品。对于发酵食品来说，全世界许多国家都有自己独特风味的产品。相对来说，东方国家更喜欢发酵食品，知名的有韩国泡菜、日本纳豆、印度丹贝等。发酵食品具有一些特点，比如，制作成本较低、容易保藏、风味独特以及具有一定营养价值等。除此之外，有些食品原本具有植酸、单宁、多酚类物质等有毒成分或抗性因子，对其进行发酵处理可以清除某些原料中的抗性因子和有毒成分。

我国发酵食品历史悠久，有着丰富的种类，多数发酵食品都具有独特的风味。许多材料都可以作为食品发酵的原料，包括水果、蔬菜、肉类、粮食谷物、乳品等。每种原料的营养特性不同，发酵时需要使用不同的微生物，当然制作出来的成品也具有不同的风味，包括酱油、醋等调味品，白酒、啤酒、黄酒等酒类，等等。我国已经对发酵食品进行了深入、广泛的研究，包括发酵食品的安全性、生产特点、营养保健性等多个方面。

功能性发酵食品主要是以高新生物技术（包括发酵法、酶法）形成具有某种生理活性的成分，生产出能调节机体生理功能的食品，使消费者在享受美味食物的同时，也达到调节自身生理机能，甚至辅助治疗某些疾病的效果。目前，对大部分发酵食品的生化过程、代谢作用机制尚不清楚，而功能发酵食品的生理调节机制仍需探讨，对基础理论知识的掌握，可为食品新功能、新工艺、新产品的开发创造条件和奠定基础。

一、发酵食品的分类及特点

（一）发酵食品的分类

发酵食品的分类标准主要有三个，分别是原料种类、微生物种类及发酵概念。

1. 按照所利用原料的种类分类

（1）谷物发酵制品。如面包、黄酒、白酒、啤酒、食醋等。

（2）发酵豆制品。如酱油、豆腐乳、纳豆、豆豉、丹贝等。

（3）发酵果蔬制品。如果酒、果醋、果蔬发酵饮料、泡菜、果汁发酵饮料等。

（4）发酵肉制品。如发酵香肠、发酵干火腿、培根等。

（5）发酵水产品。如鱼露、蟹酱、酶香鱼等。

2. 按照所利用主要微生物的种类分类

（1）酵母菌发酵食品。如面包、啤酒、葡萄酒及其他果酒、食醋、面酱、食用酵母等。

（2）霉菌发酵食品。如白酒、糖化酶、果胶酶、柠檬酸、豆豉、酱油等。

（3）细菌发酵食品。如谷氨酸、淀粉酶、豆腐乳、豆豉、酱油、黄原胶、味精等。

（4）酵母、霉菌混合发酵食品。如酒精、绍兴酒、日本清酒等。

（5）酵母、细菌混合发酵食品。如腌菜、奶酒、果醋等。

（6）酵母、霉菌及细菌混合发酵食品。如食醋、大曲酒、酱油及酱类发酵制品等。

3. 按照传统发酵食品和现代发酵食品的概念分类

（1）传统发酵食品。如发酵面食、发酵米粉、醪糟、白酒、啤酒、酱油、面酱、豆豉、食醋、豆酱、泡菜、纳豆、丹贝、鱼露、发酵香肠等。

（2）现代发酵食品。如柠檬酸、苹果酸、醋酸、真菌多糖、细菌多糖、维生素C、发酵饮料、微生物油脂、食用酵母、单细胞蛋白等。

（二）发酵食品的特点

发酵与酿造工业本质是利用生物体或生物体产生的酶进行的化学反应，其主要特点如下：

（1）安全简单。常温常压是大多数食品发酵和酿造的环境，生产过程不存在危险。

（2）原料广泛。淀粉、蜜糖是食品发酵与酿造的主要原料，许多作物都含有这两种原料，原料来源广泛。

（3）反应专一。食品发酵与酿造过程是通过生物体的自动调节方式来完成的，反应的专一性强。因此，得到的代谢产物也比较单一，降低了混入有害副产物的可能性。

（4）代谢多样。每种微生物的代谢方式与过程都不一样，生物体进行化学反应时具有高度的选择性，这就使得可以在自然界中找到多数化合物的代谢产物，即使是非常复杂的化合物。因此，发酵与酿造适应范围很广。

（5）易受污染。发酵时使用的培养基具有各种营养物质，可以满足大多数微生物的生长需求。因此，在发酵与酿造的过程中，对于杂菌的污染要严格控制，有很大一部分反应需要在密闭的环境下进行。在接种前，需要对各种设备和培养基进行灭菌处理；反应中，若是添加液体营养物质，也要保证无菌。发酵成功与否的重点是发酵过程是否有杂菌污染。

二、发酵食品典型产品质量标准

发酵食品生物工艺产品的质量标准有酒、酒精、发酵调味品、有机酸、氨基酸等几类。酒类质量标准包括啤酒、白酒、葡萄酒、黄酒等，酒精质量标准包括食用酒精和工业酒精等，发酵调味品质量标准包括酿造酱油、酿造食醋和酱等，以及柠檬酸、味精质量标准。发酵食品标准绝大多数为国家标准，也有部分为行业标准。食品标准的具体内容可从“食品伙伴网”下载。现选取部分典型发酵食品的质量标准编号列举如下：GB 4927—2008《啤酒质量标准》；GB/T 10781.1—2006《浓香型白酒质量标准》；GB/T 10781.2—2006《清香型白酒质量标准》；GB/T 10781.3—2006《米香型白酒质量标准》；GB/T 23547—2009《浓酱兼香型白酒质量标准》；GB 15037—2006《葡萄酒质量标准》；GB/T 13662—2008《黄酒质量标准》；GB 10343—2008《食用酒精质量标准》；GB/T 394.1—2008《工业酒精质量标准》；GB 18186—2000《酿造酱油质量标准》；GB 18187—2000《酿造食醋质量标准》；GB 2718—2014《酿造酱质量标准》；GB/T 8269—2006《柠檬酸质量标准》；GB/T 8967—2007《谷氨酸钠（味精）质量标准》等。

第二节　我国发酵食品产业的现状研究

近年来，我国发酵食品产业取得了长足进步。据不完全统计，全国固态发酵食品企业共计45000余家。2011年，我国白酒、酱油、食醋的产量分别为1026万t、663万t和330万t，比2010年分别提高15%、11%和32%。2011年，上述产业共实现总产值约4200亿元，约占当年国内生产总值的0.9%，利税总额达1500亿元，直接就业人数150余万人，间接带动上下游相关产业规模10000亿元以上。

虽然我国发酵食品产业取得了一些成绩，但我国传统发酵食品总体工业化程度不高，大多数传统发酵食品企业规模小、技术管理落后，很大一部分传统发酵食品的加工手段比较原始或工业化程度较低，没有足够的竞争力进军国际市场，在国内市场竞争中也不占优势。

使用传统的食品发酵技术生产出来的产品质量参差不齐，目前我国大多数的发酵食品生产企业采用的还是传统的天然发酵工艺，发酵过程多依赖技术人员的经验，外界因素对产品质量的影响很大。在产品品质、风味方面，同一批次的产品也具有较大的差异，很难实现标准化生产。传统的发酵技术很难控制发酵过程中的菌群，很容易造成杂菌污染，产生有毒副作用的物质，威胁到食品发酵的安全。传统发酵产业的发展依赖于工艺技术革新，这类似于大多数的食品产业。

在我国，有一部分传统发酵食品企业生产工艺落后，对于传统发酵工艺中的不利因素没有及时去除，仍使用老旧的生产工艺；有一部分企业为了追求利益和效率，胡乱革新工艺技术，丧失了产品的传统特色，如此工艺革新对我国传统食品发酵产业造成了极大的负面影响。

第三节　发酵食品生产菌种的选育与保藏

一、菌种的选育技术

菌种是发酵食品生产的关键，性能优良的菌种才能使发酵食品具有良好的色、香、味等食品特征。菌种的选与育是一个问题的两个方面，没有的菌种要向大自然索取，即菌种的筛选；已有的菌种要改造，以获得更好的发酵食品特征，即育种。因此，菌种选育的任务是不断发掘新菌种，向自然界索取发酵新产品；改造已有的菌种，达到提高产量、符合生产要求的目的。

育种的理论基础是微生物的遗传与变异，遗传和变异现象是生物最基本的特性。遗传包含变异，变异也包含遗传，遗传是相对的，变异则是绝对的。微生物由于繁殖快速，生活周期短，在相同时间内，环境因素可以相当大地重复影响微生物，使个体较易变异，变异后的个体可以迅速繁殖而形成一个群体并表现出来，便于自然选择和人工选择。

（一）自然选育

自然选育是菌种选育的最基本方法，它是利用微生物在自然条件下产生自发变异，通过分离、筛选，排除劣质性状的菌株，选出维持原有生产水平或具有更优良生产性能的高产菌株的方法。因此，通过自然选育可达到纯化与复壮菌种、保持稳定生产性能的目的。当然，在自发突变中正突变概率是很低的，选出更高产菌株的概率一般来说也很低。由于自发突变的正突变率很低，多数菌种产生负变异，其结果使生产水平不断下降。因此，在生产中需要经常进行自然选育工作，以维持正常生产的稳定。

自然选育也称自然分离，主要作用是对菌种进行分离、纯化，以获得遗传背景较为单一的细胞群体。一般的菌种在长期的传代和保存过程中，由于自发突变使其变得不纯或生产能力下降，因此在生产和研究时要经常进行自然分离，对菌种进行纯化。其方法比较简单，尤其是单细胞细菌和产孢子的微生物，只需将它们制备成悬液，选择合适的稀释度，通过平板培养获得单菌落就能达到分离目的。而那些不产孢子的多细胞微生物（许多是异核的），则需要用原生质体再生法进行分离、纯化。自然选育分以下几步进行：

（1）通过表现形态来淘汰不良菌株。菌落形态包括菌落大小、生长速度、颜色、孢子形成等可直接观察到的形态特征。通过形态变化分析判断去除可能的低产菌落，将高产型菌落逐步分离筛选出来。此方法适用于那些特征明显的微生物，如丝状真菌、放线菌及部分细菌，而对外观特征较难区别的微生物就不太适用。以抗生素菌种选育为例，一般低产菌的菌落不产生菌丝，菌落多为光秃型；生长缓慢，菌落过小，产孢子少；孢子生长及孢子颜色不均匀，产生白斑、秃斑或裂变；生长过于旺盛，菌落大，孢子过于丰富等。这类菌落中也可能包含高产型菌，但由于表现出严重的混杂，其后代容易分离和不稳定，也不宜于做保存菌种。判断高产菌落的依据：孢子生长有减弱趋势，菌落中等大小，菌落偏小但孢子生长丰富，孢子颜色有变浅趋势，菌落多、密、表面沟纹整齐，分泌色素或逐渐加深或逐渐变浅。

（2）通过目的代谢物产量进行考察。这种方法是建立在菌种分离或者诱变育种的基础上的，在第一步初筛的基础上对选出的高产菌落进行复筛，进一步淘汰不良菌株。复筛通过摇瓶培养（厌氧微生物则通过静置培养）进行，可以考察出菌种生产能力的稳定性和传代稳定性，一般复筛的条件已较接近于发酵生产工艺条件。经过复筛的菌种，在生产中可表现出相近的产量水平。复筛出的菌种应及时进行保藏，避免过多传代而造成新的退化。

（3）进行遗传基因型纯度试验，以考察菌种的纯度。其方法是将复筛后得到的高产菌种进行分离，再次通过表现形态进行考察，分离后的菌落类型越少，则表示纯度越高，其遗传基因型越稳定。

（4）传代的稳定性试验。在生产中活化、逐级扩大菌种，必然要经过多次传代，这就要求菌种具有稳定的遗传性。在试验中一般需要进行3～5次的连续传代，产量仍保持稳定的菌种方能用于生产。在传代试验中，要注意试验条件的一致性，以便能准确反映各代间生产能力的差异。

通过自然发生的突变，筛选那些含有所需性状得到改良的菌种。随着富集筛选技术的不断完善和改进，自然育种技术的效率有所提高，如含有突变基因naE、mutD、mutT、mutM、mutH、mutI等的大肠杆菌突变率相对较高。酒精发酵是最早把微生物遗传学原理应用于微生物育种实践而提高发酵产物水平的成功实例。自然选育是一种简单易行的选育方法，可以达到纯化菌种、防止菌种退化、提高产量的目的，但发生自然突变的概率特别低。这样低的突变率导致自然选育耗时长、工作量大，影响了育种的工作效率。

（二）诱变育种

在现代育种领域，诱变育种主要是提高突变菌株产生某种产物能力的手段。

1. 诱变育种的基本方法

诱变育种的方法主要有3种，具体如下：

（1）物理因子诱变。物理诱变剂有很多种，包括紫外线、激光、低能离子、X射线、γ射线等。在上述物理诱变因子中，最常使用的是紫外线，它在诱变微生物突变方面可以发挥非常大的作用。DNA和RNA的嘌呤和嘧啶在吸收紫外光方面具有很强的能力，一定程度下还可致死。相比X射线和γ射线来说，紫外线具有较少的能量，可以对核酸造成比较单一的损伤。故紫外线不仅可以造成转换、移码突变或缺失等，还可以在DNA的损伤与修复中发挥重要作用。

近些年，出现了新的物理诱变技术——低能离子的使用。该方法对生物的生理损伤较小，同时还可以得到较高的突变率和更广的突变谱；使用的设备比较简单，成本较低；不会对人体和环境造成危害和污染。目前，在微生物菌种选育中，选择注入的离子多为气体单质正离子，最常使用的是N^+，除此之外，还有H^+、Ar^+、O^{6+}以及C^{6+}。

（2）化学因子诱变。化学因子是一类引起DNA异变的物质，通过与DNA发生作用，将其结构改变。化学诱变剂有很多种，包括烷化剂、金属盐类等。其中，应用最广泛的化学诱变剂是烷化剂，它也是最有效的诱变剂。在突变率方面，化学诱变剂高于电离辐射；在经济方面，化学诱变剂优于电离辐射。但需要注意的是，无论是化学诱变剂还是电离辐射，它们都有致癌作用，使用的时候需要小心。

（3）复合因子诱变。对于那些长时间使用诱变剂的菌株来说，它们会有一些副作用，包括诱变剂“疲劳效应”、延长生长周期、引起代谢速度缓慢、减少孢子量等。上述副作用非常不利于生产，因此在实际中菌株进行诱变的时候，通常采用多种诱变剂复合、交叉使用。复合诱变方法有很多种，包括重复使用同一种诱变剂、同时使用两种或两种以上诱变剂、先后使用两种或两种以上诱变剂。通常情况下，复合诱变剂的使用效果优于单一诱变剂，复合诱变剂具有协同效应。

2. 诱变育种的影响因素

影响诱变育种的因素主要有5个，具体如下：

（1）诱变剂的种类非常多，在实际选用诱变剂的时候，需要根据实际情况选择简便有效的诱变剂。使用诱变剂处理的微生物也要符合一定的要求，最好是以悬浮液状态呈现，细胞需要尽量分散。这种状态下可以使细胞诱变更加均匀，也有利于后期单菌落的培养，避免形成不纯的菌落。

（2）使用诱变剂处理的细胞最好是单核细胞，核质体越少越好。

（3）影响诱变效果的因素有很多种，微生物的生理状态是其中一种，微生物对诱变剂最敏感的时期是对数期。

（4）诱变剂的剂量。大多数诱变剂都具有杀菌作用，还可做杀菌剂使用。诱变剂合适的剂量是指在诱变育种的时候，在提高诱变率的基础上，还可以提高变异幅度，同时还能使得异变向正变范围偏移的用量。若使用的诱变剂剂量过低，那么发生的异变率过低；若使用的诱变剂剂量过高，那么会杀死大量的细胞，影响特定的筛选。

（5）出发菌株是指用于育种的原始菌株，合适的出发菌株可以提高育种效率。一般多用生产上正在使用、对诱变剂敏感的菌株。

3. 高产菌株筛选

诱变育种的目的在于提高微生物的生产量，但对于产量性状的突变来说，不能用选择性培养的方法筛选。因为高产菌株和低产菌株在培养基上同样地生长，也无一种因素对高产菌株和低产菌株显示差别性的杀菌作用。

测定菌株的产量高低采用摇瓶培养，然后测定发酵液中产物数量的方法。如果把经诱变剂处理后出现的菌落逐一用上述方法进行产量测定，工作量很大。如果能找到产量和某些形态指标的关联，甚至设法创造两者间的相关性，则可以大大提高育种的工作效率。因此在诱变育种工作中应利用菌落可以鉴别的特性进行初筛。例如，在琼脂平板培养基上，通过观察和测定某突变菌菌落周围蛋白酶水解圈的大小、淀粉酶变色圈的大小、色氨酸显色圈的大小、柠檬酸变色圈的大小、抗生素抑菌圈的大小、纤维素酶对纤维素水解圈的大小等，估计该菌落菌株产量的高低，然后再采用摇瓶培养法测定实际的产量，可以大大提高工作效率。

上述这类方法所碰到的困难是对产量高的菌株来说，作用圈的直径和产量之间并不呈直线关系。为了克服这一困难，在抗生素生产菌株的育种工作中，可以采用抗药性的菌株作为指示菌，或者在菌落和指示菌中间加一层吸附剂吸去一部分抗生素。一个菌落的产量越高，它的产物必然扩散得也越远。对于特别容易扩散的抗生素，即使产量不高，同一培养皿上各个菌落之间也会相互干扰，可以采用琼脂挖块法克服产物扩散所造成的困难。该方法是在菌落刚开始出现时就用打孔器连同一块琼脂打下，把许多小块放在空的培养皿中培养，待菌落长到合适大小时，把小块移到已含有供试菌种的一大块琼脂平板上，分别测定各小块抑菌圈大小并判断其抗生素的效价。由于各琼脂块的大小一样，且该菌落的菌株所产生的抗生素都集中在琼脂块上，所以只要控制每一培养皿上的琼脂小块数和培养时间，或者再利用抗药性指示菌，就可以得到彼此互不干扰的抑菌圈。

（三）杂交育种

杂交育种是指两个基因型不同的菌株通过接合使遗传物质重新组合，从中分离和筛选具有新性状菌株的方法。杂交育种往往可以消除某一菌株在诱变处理后所出现的产量上升缓慢的现象，因而它是一种重要的育种手段。但杂交育种方法较复杂，许多工业微生物有性世代不是十分清楚，故没有像诱变育种那样得到普遍推广和使用。

杂交育种的方法有4种，具体如下：

（1）细菌杂交。将两个具有不同营养缺陷型、不能在基本培养基上生长的菌株，以10^5cfu/mL的浓度在基本培养基中混合培养，结果有少量菌落生长，这些菌落就是杂交菌株。细菌杂交还可通过F因子转移、转化和转导等方式发生基因重组。

（2）放线菌的杂交育种。放线菌杂交是在细菌杂交基础上建立起来的，虽然放线菌也是原核生物，但它有菌丝和孢子，其基因重组方式类似于细菌，育种方法与霉菌有许多相似之处。

（3）霉菌的杂交育种。不产生有性孢子的霉菌是通过准性生殖进行杂交育种的。准性生殖是真菌中不通过有性生殖的基因重组过程。准性生殖包括三个相互联系的阶段：异核体形成、杂合二倍体的形成和体细胞重组（即杂合二倍体在繁殖过程中染色体发生交换和染色体单倍化，从而形成各种分离子）。准性生殖具有和有性生殖类似的遗传现象，如核融合，形成杂合二倍体，接着染色体分离，同源染色体间进行交换，出现重组体等。

霉菌的杂交通过四步完成：选择直接亲本、形成异核体、检出二倍体和检出分离子。

1）选择直接亲本。两个用于杂交的野生型菌株即原始亲本，经过人工诱变得到的用于形成异核体的亲本菌株即称为直接亲本，直接亲本有多种遗传标记，在杂交育种中用得最多的是营养缺陷型菌株。

2）异核体形成。把两个营养缺陷型直接亲本接种在基本培养基上，强迫其互补营养，使其菌丝细胞间吻合形成异核体。此外，还有液体完全培养基混合培养法、完全培养基混合培养法、液体有限培养基混合培养法、有限培养基异核丛形成法等。

3）检出二倍体。一般有3种方法：一是将菌落表面有野生型颜色的斑点和扇面的孢子挑出进行分离、纯化；二是将异核体菌丝打碎，在完全培养基和基本培养基上进行培养，出现异核体菌落，将具有野生型的斑点或扇面的孢子或菌丝挑出，进行分离、纯化；三是将大量异核体孢子接种于基本培养基平板上，将长出的野生原养型菌落挑出分离、纯化。

4）检出分离子。将杂合二倍体的孢子制成孢子悬液，在完全培养基平板上分离成单孢子菌落，在一些菌落表面会出现斑点或扇面，每个菌落接种一个斑点或扇面的孢子于完全培养基的斜面上，经培养纯化、鉴别而得到分离子。也可用完全培养基加重组剂对氟苯丙氨或吖啶黄类物质制成选择性培养基，进行分离子的鉴别检出。

（四）基因工程育种

基因工程育种是指利用基因工程方法对生产菌株进行改造而获得高产菌株，或者是通过微生物间的转基因而获得新菌种的育种方法。人们可以按照自己的愿望进行严格的设计，通过体外DNA重组和转移等技术，对原物种进行定向改造，获得对人类有用的新性状，大大缩短了育种时间。

1. 基因工程育种的过程

重组DNA技术一般包括4步，即目的基因的获得、与载体DNA分子的连接、重组DNA分子引入宿主细胞及从中筛选出含有所需重组DNA分子的宿主细胞。作为发酵工业的工程菌株在此四步之后还需加上外源基因的表达及稳定性的考虑。

2. 基因工程育种的关键步骤

基因工程育种的关键步骤有4步，分别是获取目的基因、基因表达载体的构建、将目的基因导入受体细胞以及检测并鉴定。

（1）获取目的基因。实施基因工程的第一步有两条途径：一是从供体细胞的DNA中分离基因；二是人工合成基因。

通常使用“鸟枪法”对基因进行直接分离。该方法使用限制酶对DNA进行切割，分为多个片段，然后将片段分别载入运载体中，之后转入受体细胞，使得DNA片段在受体细胞内扩增，最后再分离出带有目的基因的DNA片段。该方法操作简单，但工作量大、盲目性强。

对于含有不表达DNA片段的真核细胞基因，通常使用的方法是人工合成。目前，人工合成基因有两条途径：一是通过基因的转录与反转录形成单链DNA，然后在酶的作用下形成双链DNA，最终获得目的基因；二是根据蛋白质的序列，反推出需要的信使RNA序列，进一步反推出核苷酸序列，最后使用化学方法合成目的基因。

（2）基因表达载体的构建。实施基因工程的第二步是基因表达载体的构建，也就是将目的基因与运载体结合的过程，换句话说，就是将不同来源DNA重新组合的过程。若使用的运载体是质粒，那么首先要使用限制酶对质粒进行切割，将其黏性末端露出；然后使用同一种限制酶对目的基因进行切割，产生相同的黏性末端，再将切下的目的基因接入质粒的切口处；接着使用一定量的DNA连接酶，使得两个黏性末端进行碱基互补配对，最终形成一个重组DNA分子。

（3）将目的基因导入受体细胞。实施基因工程的第三步是将目的基因导入受体细胞。将上一步形成的重组DNA分子引入受体细胞，进行扩增。在基因工程中，经常使用的受体细胞包括大肠杆菌、枯草杆菌、酵母菌及动植物细胞等。一般使用细菌或病毒侵染细胞的方法将重组DNA分子转移到受体细胞中。目的基因在受体细胞内进行复制，短时间内可获得大量的目的基因。

（4）检测并鉴定。实施基因工程的第四步是检测与鉴定。当目的基因导入受体细胞之后，为了确定其对遗传特性的表达是否稳定，我们需要对其进行检测和鉴定。并不是所有的受体细胞都可以摄入重组DNA分子，我们需要对其进行一定的检测来确定其是否导入了目的基因。

（五）基因组改组

基因组改组技术，又称基因组重排技术，是一种微生物育种的新技术。基因组改组只需在进行首轮改组之前，通过经典诱变技术获得初始突变株，然后将包含若干正突变的突变株作为第一轮原生质体融合的出发菌株，此后经过递推式的多轮融合，最终使引起正向突变的不同基因重组到同一个细胞株中。基因组改组技术是对整个基因组进行重组，不仅可以在基因组的不同位点同时进行重组，还可以通过多轮重组将多个亲本的优良基因重组到同一菌株上。基因组改组与传统的诱变方法相比具有高速、高效等优点。

基因组改组技术结合了原生质体融合技术和传统微生物诱变育种技术。具体方法如下：

（1）利用传统诱变方法获得突变菌株库，并筛选出正向突变株。

（2）以筛选出来的正向突变株作为出发菌株，利用原生质体融合技术进行多轮递推原生质体融合。

（3）最终从获得的突变体库中筛选出性状优良的目的菌株。

基因组改组技术是将包含若干正突变株的突变体作为每一轮原生质融合的出发菌株，经过递推式的多轮融合，最终使引起正向突变的不同基因重组到同一个细胞株中的方法。通过传统微生物诱变育种技术与细胞融合技术的结合，基因组改组技术不对微生物基因进行人工改造，而利用原有基因进行重组。这是在传统育种、原生质体融合的基础上对微生物育种技术的一次革命性的创新。基因组改组技术不需对微生物的遗传特性完全掌握，只需了解微生物的遗传性状就实现了微生物的定向育种，获得了大幅度正突变的菌株，成为发酵工程中的一种安全、有效的育种工具。

（六）代谢控制育种

代谢控制育种兴起于20世纪50年代末，以1957年谷氨酸代谢控制发酵成功为标志，并促使发酵工业进入代谢控制发酵时期。近年来，代谢工程取得了迅猛发展，尤其是基因组学、应用分子生物学和分析技术的发展，使得导入定向改造的基因及随后的在细胞水平上分析导入外源基因后的结果成为可能。快速代谢控制育种的活力在于以诱变育种为基础，获得各种解除或绕过微生物正常代谢途径的突变株，从而人为地使有用产物选择性地大量生成累计，打破了微生物调节这一障碍。

代谢育种在工业上应用非常广泛，可在13%的葡萄糖培养基中累计L-亮氨酸至34g/L。代谢控制育种提供了大量工业发酵生产菌种，使得氨基酸、核苷酸、抗生素等次级代谢产物产量成倍地提高，大大促进了相关产业的发展。

二、菌种的保藏

菌种保藏的目的是保证菌种在长时间内尽可能保持原有菌株优良的生产性能且不被污染，提高菌种的存活率，减少菌种的变异，以利于生产上长期使用。菌种保藏的基本原理是根据菌种的生理、生化特点，创造条件使菌种的代谢活动处于不活泼状态。

（一）定期移植低温保藏法

将菌种接种到培养基斜面进行斜面培养或穿刺培养，也可进行液体培养，待其长成健壮的菌体（对数期细胞、有性孢子、无性孢子等）后，置于4℃冰箱保存，间隔一定时间需要重新进行移植。细菌通常1个月移种一次，芽孢杆菌3～6个月移种一次，放线菌3～4个月移种一次，酵母菌4～6个月移种一次，丝状真菌4个月移种一次。定期移植保藏法在工厂和实验室中普遍使用，具有简单易行、代价小，且可随时观察保藏菌种的死亡、变异、退化或染菌等优点，但因微生物在保藏期间仍有活动，所以存在保藏时间偏短、菌种易退化等不足之处。微生物菌种保藏时常用的培养基见表1-1。

表1-1　微生物菌种保藏时常用的培养基

菌类	保藏培养
好气性细菌	TYC琼脂：胰蛋白胨5g，酵母汁5g，葡萄糖1g，$K_2HPO_4$1g，琼脂20g，水1000mL
有孢子杆菌	土豆汁琼脂：蛋白胨5g，牛肉汁3g，土豆汁250mL，琼脂15g，水750mL，pH值为7.0（此为形成孢子用，若加入$MnSO_4$ 5mg/L左右，能促进长孢子）
	酵母汁7.0g，葡萄糖10g，pH值为7.0
醋酸菌	胰蛋白胨5g，酵母膏10g，琼脂20g，蒸馏水900mL，待琼脂溶化后加葡萄糖20g，$CaCO_3$ 10g/L，并使$CaCO_3$悬浮在整个培养基中
	麦芽汁，$CaCO_3$ 0.5%
乳酸菌	MRS培养液：蛋白胨10g，肉汁10g，酵母汁5g，K_2HPO_4 2g，柠檬酸钠2g，葡萄糖20g，吐温80g，醋酸钠5g，盐溶液（$MgSO_4 \cdot 7H_2O$ 11.5g，$MnSO_4 \cdot 2H_2O$ 2.45g，蒸馏水100mL）5mL，蒸馏水1000mL，pH值为6.2～6.6
兼气性有孢子细菌	糖蜜培养基：糖蜜（黑色）100g，大豆粕100g，$(NH_4)_2SO_4$1.0g，蛋白胨5g，蒸馏水1000mL，pH值为7.2，灭菌后加入$CaCO_3$5g
放线菌	天冬酰胺-葡萄糖琼脂：天冬酰胺0.5g，K_2HPO_4 0.5g，牛肉膏2g，葡萄糖10g，琼脂17g，水1000mL，pH值为6.8～7.0 Emerson培养基：NaCl 2.5g，蛋白胨4g，酵母汁1g，牛肉膏4g，蒸馏水1030mL，pH值为7.0（用KOH调节）高氏合成琼脂：可溶性淀粉20g，KNO_3 1g，K_2HPO_4 0.5g，$MgSO_4 \cdot 7H_2O$ 0.5g，NaCl 0.5g，$FeSO_4$ 0.01g，琼脂20g，蒸馏水1000mL，pH值为7.2
丝状真菌	玉米粉琼脂：玉米粉6g，水1000mL，同水混合成奶油状，文火烧1h，用布过滤，加入琼脂并加热至溶化，恢复原体积，灭菌30min，此培养基适用于暗色霉菌的保藏
	马铃薯浸汁琼脂：25%马铃薯浸汁1000mL，葡萄糖10g，琼脂20g
曲霉、青霉	察氏琼脂：K_2HPO_4 1g，$MnSO_4 \cdot 7H_2O$ 0.05g，$FeSO_4 \cdot 7H_2O$ 0.01g，$NaNO_2$ 3g，蔗糖或葡萄糖30g，琼脂15～20g，蒸馏水1000mL，pH值为6.0
	麸皮培养基：新鲜麸皮与水以1：1混合，121℃灭菌30 min

续表

菌类	保藏培养
毛霉	菠菜-胡萝卜琼脂培养基：菠菜200g，胡萝卜（去皮薄切）200g，琼脂20g，蒸馏水1000mL，菠菜和胡萝卜放入适量水中，煮沸1h后用布过滤，加琼脂，0.1MPa灭菌20min
酵母菌	GM培养基：蛋白胨3.5g，酵母汁3.5g，K_2HPO_4 2g，$MnSO_4 \cdot 7H_2O$ 1.0g，$(NH_4)_2SO_4$ 1.0g，葡萄糖2 g，琼脂20g，水1000mL
	MY培养基：酵母汁3g，麦芽汁3g，蛋白胨5g，葡萄糖10g，琼脂20g，水1000mL
	麦芽汁琼脂：麦芽汁1000mL，琼脂15g，pH值为6.0

（二）液体石蜡保藏法

液体石蜡保藏法是定期移植保藏法的补充。在菌种生长良好的斜面表面覆盖一层无菌的液体石蜡，液面高出培养基1cm，将其置于试管架上以直立状态低温保藏。液体石蜡可以防止水分蒸发、隔绝氧气，所以能延长保藏时间。但其缺点是必须直立放在冰箱内，占据较大的空间。液体石蜡要求优质无毒，一般为化学纯规格。可以在121℃下湿热灭菌2h，或150～170℃下干燥灭菌1h。

（三）液氮超低温保藏法

液氮超低温保藏法需要液氮罐或液氮冰箱、圆底安瓿管或塑料液氮保藏管。由于保藏采用低温（-196～-150℃），因此必须按照“先慢后快”的原则进行操作。具体操作步骤如下：

（1）将10%甘油或二甲亚砜作为保护剂分装于安瓿瓶中；将长有菌落的琼脂悬浮于已灭菌的保护剂中。

（2）熔封安瓿瓶口。

（3）以1min下降1℃的速度降至-35℃，使瓶内悬浮液体冻结，然后将安瓿瓶置于液氮冰箱中，于-130℃以下贮藏。

（4）恢复培养时，从液氮中取出安瓿瓶，立即于38～40℃水浴中摇动，至冰融化，按常法培养。

（四）甘油低温保藏法

甘油低温保藏法与液氮超低温保藏法类似，采用含10%～30%甘油的蒸馏水悬浮菌种，置于-80～-70℃下保藏。该法保藏期较长，特别适于基因工程菌株的保藏。

（五）土壤、沙土保藏法

土壤、沙土保藏法适用于芽孢杆菌、放线菌、曲霉菌等的保藏。土壤经风干、过24目筛、分装灭菌后，加入10滴制备好的细胞或孢子悬液，在干燥器中吸干水分，然后用火焰熔封管口，在室温或低温下可保藏数年。

（六）麸皮保藏法

麸皮保藏法又称为曲法保藏，常用于放线菌、霉菌等产孢子的微生物保藏。将麸皮或其他谷物与培养基或水按一定比例拌匀，分装、灭菌后加入菌种培养，至长出菌丝，用干燥器干燥后在20℃下可长期保藏而不退化，故工厂经常采用。

（七）冷冻干燥保藏法

冷冻干燥保藏法简称冻干法。该法同时具备干燥、低温、缺氧的菌种保藏条件，保藏期长、变异小、适用范围广，是目前较理想的保藏方法，也是各类菌种保藏机构广泛采用的保藏方法。

第二章
食品发酵的种类与技术研究

现在的食品发酵技术已经处于比较成熟的时期。本章介绍了一些常见的发酵性食品的生产技术和流程，包括啤酒、黄酒、葡萄酒和白酒等酒类的酿造，醋的发酵，泡菜、酱腌菜等蔬菜的发酵，酸乳的发酵以及肉制品的发酵。

第一节　酒类发酵及工艺研究

酒类的发酵中主要介绍啤酒、葡萄酒、黄酒和白酒。

一、啤酒

啤酒是以发芽的大麦或小麦为主要原料，以大米或其他谷物为辅助原料，经麦芽汁的制备、加酒花煮沸，并经酵母发酵酿制而成的，含有二氧化碳的低酒精度（2.5%～7.5%）的酒饮料。

啤酒生产的一般工艺流程如图2–1所示。

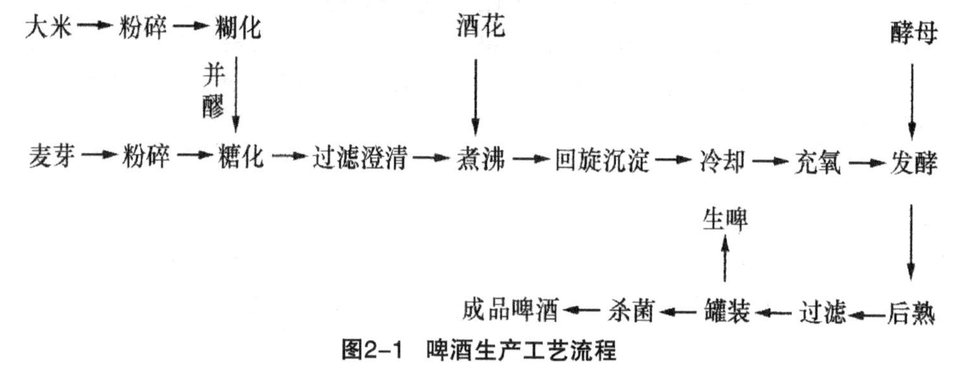

图2–1　啤酒生产工艺流程

（一）啤酒发酵需要的原料

啤酒发酵的原料有多种，主要原料是大麦及麦芽；辅助原料是大米、玉米、小麦等谷物，辅助原料可以由淀粉、糖、糖浆等物质代替；除此之外，不可缺少的是啤酒花（简称酒花）以及啤酒生产用水。

啤酒花的作用如下：

（1）赋予啤酒爽口的苦味。

（2）赋予啤酒特有的酒花香气。

（3）酒花与麦芽汁共同煮沸，能促进蛋白质凝固，加速麦芽汁的澄清，有利于提高啤酒的非生物稳定性。

（4）具有抑菌、防腐作用，可增强麦芽汁和啤酒的防腐能力。

（5）增强啤酒的泡沫稳定性。

啤酒酿造最重要的前期准备是麦芽的生产，故在此对麦芽的生产作出简单的阐述。

（二）麦芽的生产

麦芽的生产主要有大麦的精选、浸麦、大麦的发芽、麦芽的干燥等步骤。

1. 大麦的精选

选择大麦时会经过粗选和精选两次选择，粗选的目的是除掉大的杂质，如石头、线绳、麦秆和麻袋片等，以及一部分很小的杂质，如沙子、灰尘等；粗选之后的精选是为了选出优质大麦。在精选之后还会对大麦进行分级。

大麦粗选系统如图2-2所示。

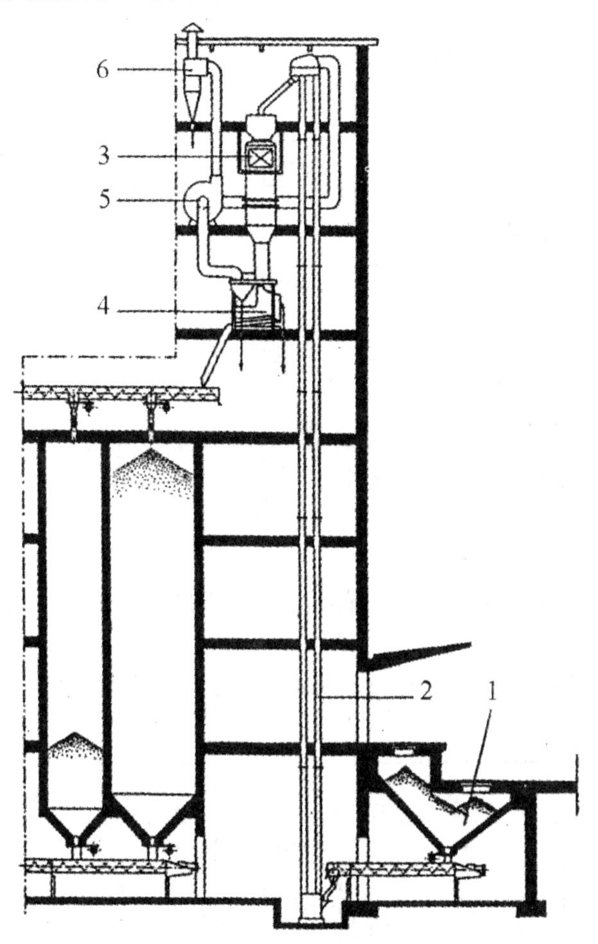

图2-2　大麦粗选系统

1—进料机；2—提升机；3—原麦自动计量秤；
4—风力粗选机；5—抽风机；6—旋风除尘器

大麦精选及分级如图2-3所示。

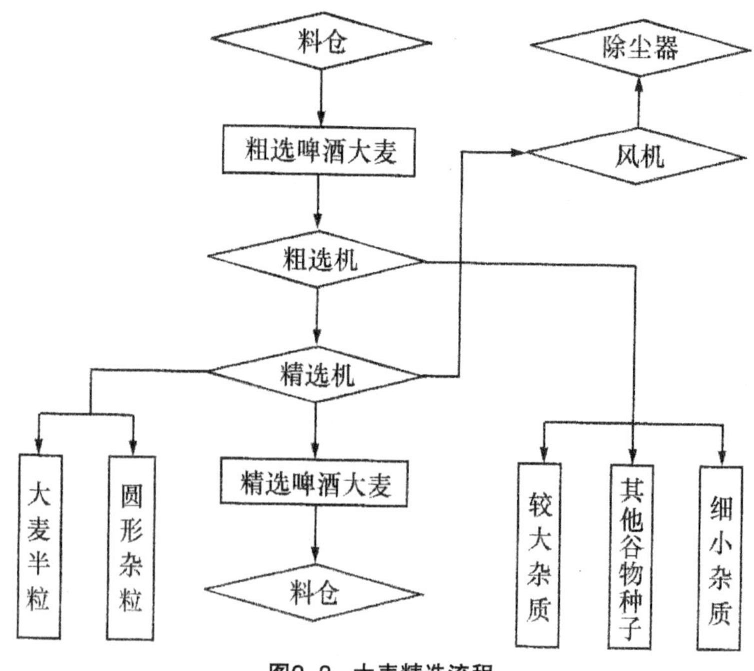

图2-3 大麦精选流程

2. 浸麦

浸麦的目的：达到发芽所需的浸麦度；使麦粒提前萌发，达到露点率；洗去麦粒表面的灰尘；洗去麦皮上的不利物质；杀死麦粒上的微生物。

浸麦的技术包括传统浸麦工艺和现代浸麦工艺两种。在此简单介绍浸水断水法。

浸水断水法是浸水与断水相间进行，如图2-4所示。常用的有浸二断六（浸水2h，断水空气休止6h）、浸二断四、浸三断二、浸三断六、浸四断四等操作法。啤酒大麦每浸一段时间后断水，使麦粒与空气接触，浸水和断水期间均需供氧。

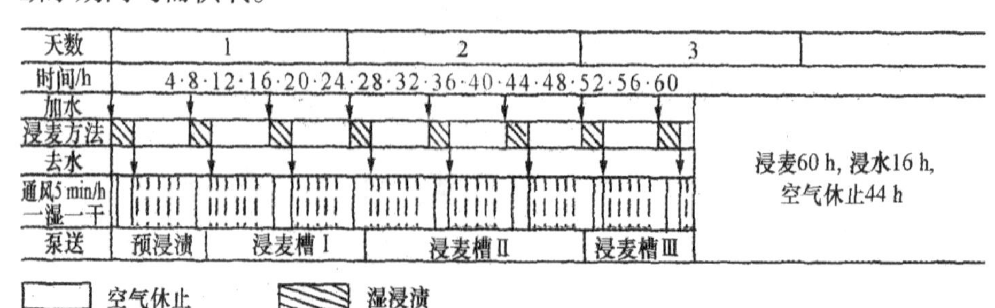

图2-4 浸水断水法

将断水时间延长，空气休止时间可长达20h，浸水时间不变或适当缩短，浸水只是为了洗涤、提供水分，这种方法称为长断水浸麦法，是由浸水断水法延伸而来。

如图2-5和图2-6所示为浸麦设备。

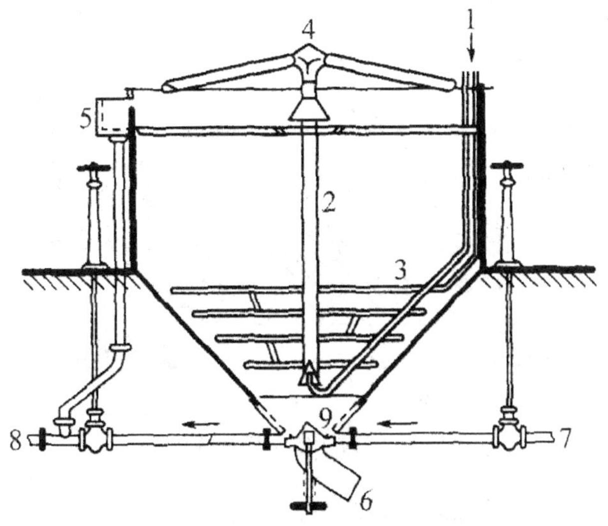

图2-5　锥底浸麦槽结构

1—压缩空气进口；2—升溢管；3—环形通风管；4—旋转式喷料管；5—溢流口；6—已浸大麦出口；7—新鲜水进口；8—废水出口；9—假底

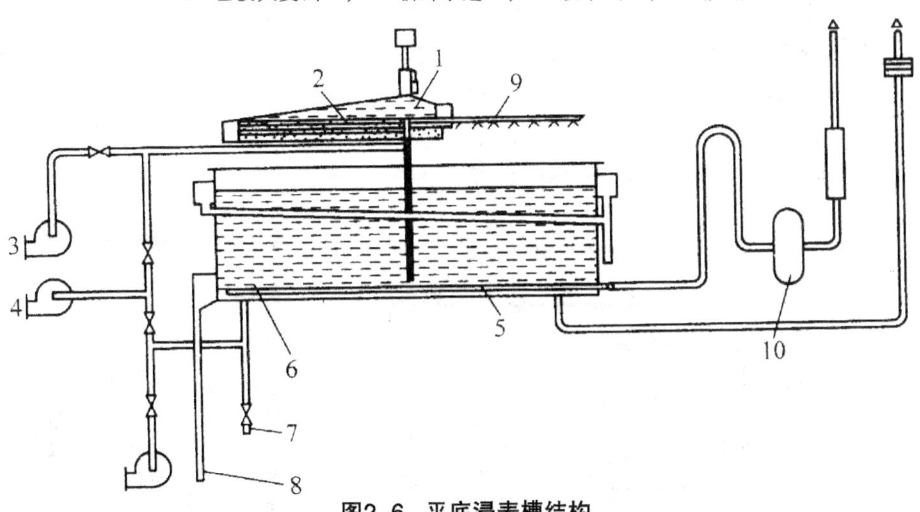

图2-6　平底浸麦槽结构

1—可调节出料装置；2—洗涤管；3—洗涤水泵；4—喷水和溢流水泵；5—空气喷射管；6—筛板假底；7—废水排出口；8—排料管；9—喷水管；10—空气压缩机

3. 大麦的发芽

大麦经过浸渍后吸收一定量的水分在适当的温度和足量的空气下就开始萌发，根芽和叶芽生长形成新的组织。

发芽目的：①激活原有的酶；②生成新的酶；③物质转变。

萨拉丁发芽箱是我国目前普遍使用的发芽设备，主要由箱体、翻麦机和空气调节系统等组成，如图2–7所示。

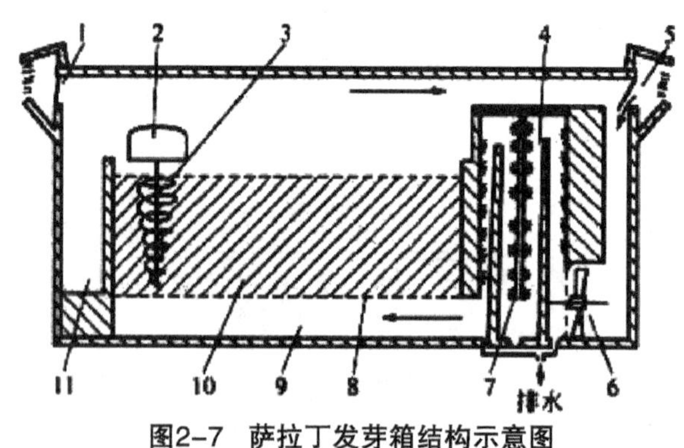

图2–7 萨拉丁发芽箱结构示意图

1—排风口；2—翻麦机；3—螺旋；4—喷雾室；5—进风口；6—风机；7—喷水管；8—假底；9—风道；10—麦层；11—过道

4. 麦芽的干燥

干燥是决定麦芽品质的最后一道重要工序，通过干燥可达到以下目的：①除去绿麦芽中的多余水分，防止麦芽腐烂变质，便于除根、贮存；②停止绿麦芽的生长，结束酶的生化反应，固定麦芽本质特性；③除去绿麦芽的生腥味，形成不同麦芽类型的色、香、味。

麦芽的干燥设备主要有单层高效干燥炉，如图2–8所示；水平式双层干燥炉如图2–9所示；发芽–干燥两用箱如图2–10所示。

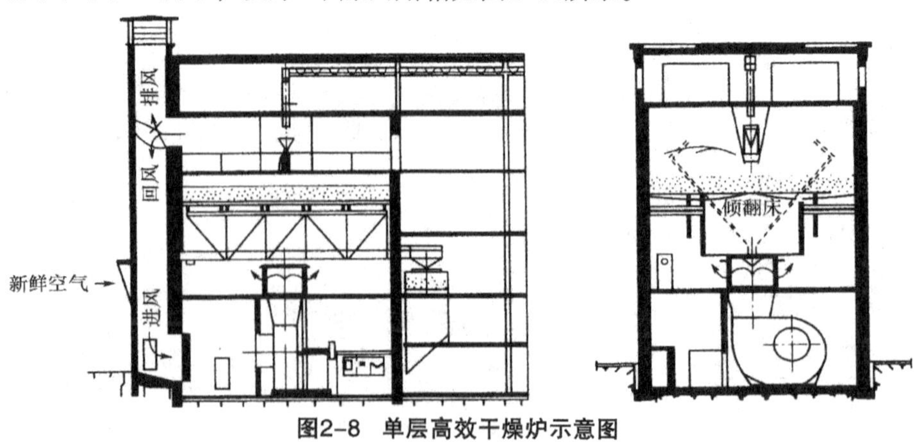

图2–8 单层高效干燥炉示意图

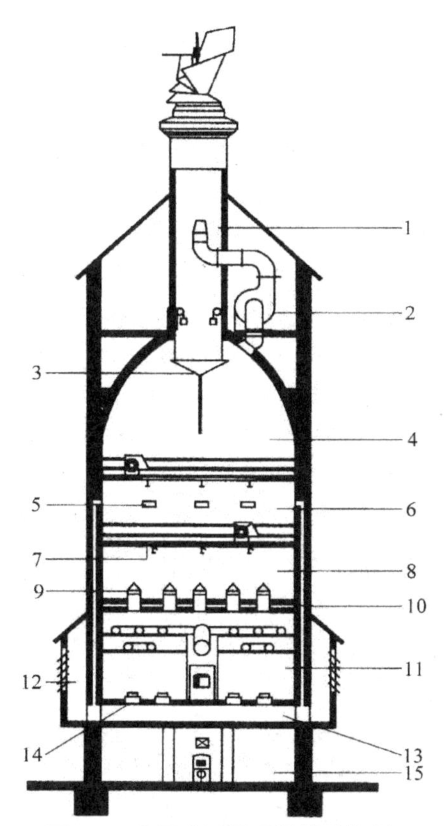

图2-9　水平式双层干燥炉结构图

1—排风筒；2—风机；3—煤灰收集器；4—上层烘床；5—上床冷风入口；
6—下层烘床；7—根芽挡板；8—根芽室；9—热风入口；10—冷却层；
11—空气加热室；12—新鲜空气进风道；13—空气室；
14—新鲜空气喷嘴；15—燃烧室

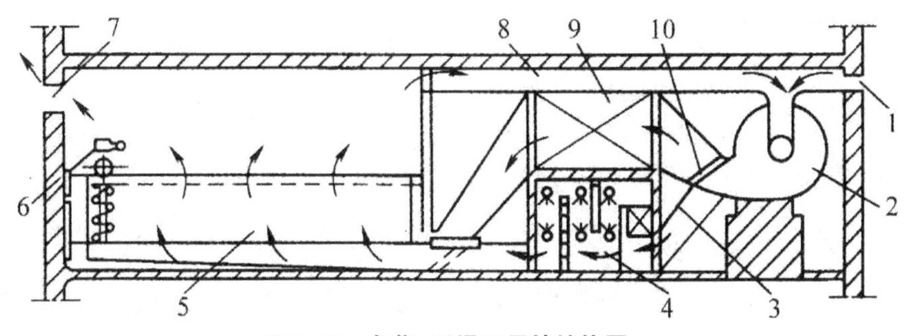

图2-10　发芽-干燥两用箱结构图

1—冷空气进口；2—鼓风机；3—风调加热器；4—空调室；5—麦芽层；6—搅拌器；
7—空气出口；8—回风道；9—干燥加热器；10—发芽与干燥控制风门

（三）啤酒的酿造

经过麦芽制备，大麦的内容物在一定程度上被分解，但还不能全部被酵母利用，需要通过糖化工序将麦芽及辅料中的非水溶性组分转化为水溶性物质，即将其转化为能被酵母利用的可发酵性糖，以保证啤酒发酵的顺利进行。

麦汁制备过程主要包括原料和辅料的粉碎、糊化、糖化、麦芽汁过滤、煮沸、麦汁后处理等过程。

经过糖化工序，将制得的麦汁冷却至规定的温度后送入发酵罐，并接入一定量的啤酒酵母即可进行发酵。啤酒发酵是一个非常复杂的生化反应过程，是利用啤酒酵母本身所含有的酶系将麦汁中的可发酵性糖经一系列反应最终转变为酒精和CO_2，并生成一系列的副产物，如各种醇类、醛类、酯类、酸类、酮类和硫化物等。啤酒就是由这些物质构成的具有一定风味、泡沫、色泽的独特饮料。

啤酒的质量与啤酒酵母的性能有密切的关系，性能优良的啤酒酵母方能生产出质量上乘的啤酒。即使原料相同，若采用不同的酵母菌种、不同的发酵工艺，也会生产出不同类型的啤酒。

1. 麦芽粉碎

粉碎属于机械加工，将原料粉碎可以增加其表面积，增大其与各种物质的接触面积，使得物料的溶解和分解速度变快。

麦芽的皮壳在麦汁过滤时作为自然滤层，因此不能粉碎过细，应尽量保持完整。麦芽粉碎要求皮壳破而不烂，胚乳尽可能细。

常用的方法有干法粉碎、回潮粉碎和湿法粉碎。

2. 糖化

糖化是麦芽内容物在酶的作用下继续溶解和分解的过程。醪是指原料与辅料粉碎物混合后的混合液，对其进行糖化后，称为糖化醪。“浸出物”是指溶于水的各种干物质，麦芽汁是指过滤后得到的澄清溶液。麦汁中浸出物含量和原料中干物质之比（质量比）称为无水浸出率。

根据是否分出部分糖化醪进行蒸煮来分，将糖化法分为煮出糖化法和浸出糖化法；使用辅助原料时，要将辅助原料配成醪液，与麦芽醪一起糖化，称为双醪糖化法。

（1）煮出糖化法。煮出糖化法是一种将物理作用和生化作用相结合的方法，它的特点是：分批加热糖化醪，使其达到沸点，之后再与其他已煮沸的醪液混合；按照不同酶水解所需要的温度，使全部醪液分阶段地进行水解，最后达到糖化最终温度。有时，会出现麦芽溶解不良的现象，使用煮出糖化法可以有效地解决这个问题。

煮出糖化法分为一次煮出糖化法、二次煮出糖化法、三次煮出糖化法和快速煮出糖化法，分类依据是煮沸次数。一次煮出糖化法糖化，如图2-11所示。

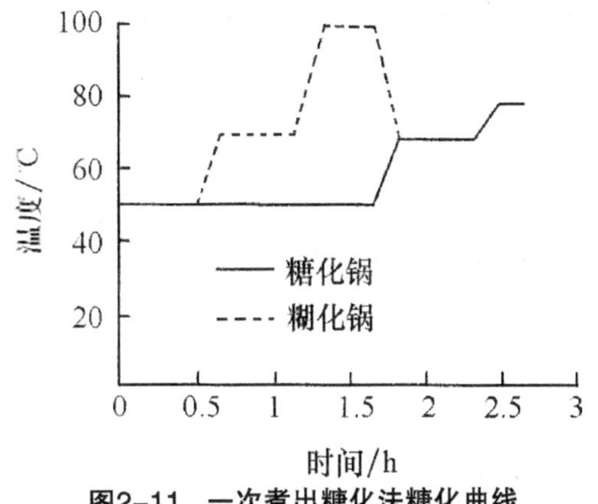

图2-11　一次煮出糖化法糖化曲线

（2）浸出糖化法。浸出糖化法是由煮出糖化法去掉部分糖化醪的蒸煮而来的，每个阶段的休止过程与煮出糖化法相同。投料温度大多为35～37℃，如果麦芽溶解良好，也可直接采用50℃投料。浸出糖化法适合于溶解良好、含酶丰富的麦芽。糖化过程在带有加热装置的糖化锅中完成，无纹糊化锅。浸出糖化法糖化曲线如图2-12所示。

（3）双醪糖化法。双醪是指未发芽谷物粉碎后配成的醪液和麦芽粉碎物配成的醪液。我国以大米作为辅助原料，配成的醪液为大米醪。将大米醪在糊化锅里单独处理后再与糖化锅中的麦芽醪混合，根据混合醪液是否煮出分为双醪煮出糖化法和双醪浸出糖化法。

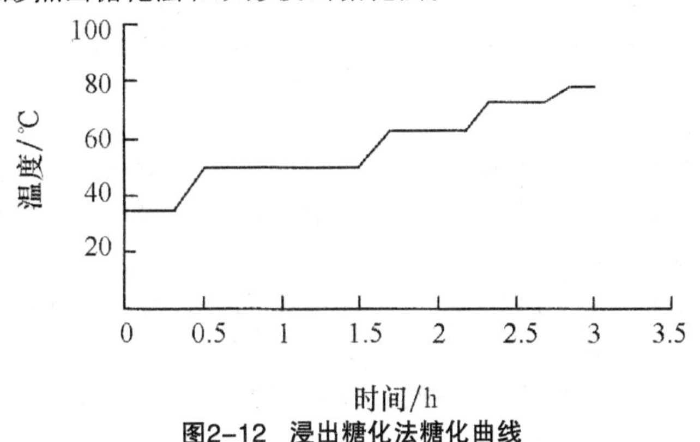

图2-12　浸出糖化法糖化曲线

3. 麦汁过滤

糖化结束后，必须将糖化醪尽快地进行固液分离，即过滤，从而得到清亮的麦汁。固体部分称为“麦糟”，这是啤酒生产的主要副产物之一；液体部分为麦汁，是啤酒酵母发酵的基质。糖化醪过滤是以大麦皮壳为自然滤层，采用过滤槽或板框压滤机将麦汁分离。

（1）过滤槽过滤。过滤槽是一种古老的重力过滤器，并一直沿用至今，目前仍被绝大多数厂家使用。过滤槽的主体结构一直没有多大改变，主要变化是在装备水平、能力大小和自动控制等方面。

（2）板框压滤机过滤。与过滤槽相比，板框压滤机的最大特点是过滤速度快，但对麦芽粉碎物各组分比例的变化敏感性较低，目前仍有一些厂家使用，同时也有滤出的麦汁清亮度差、费用高等缺点。现代过滤槽如图2–13所示。

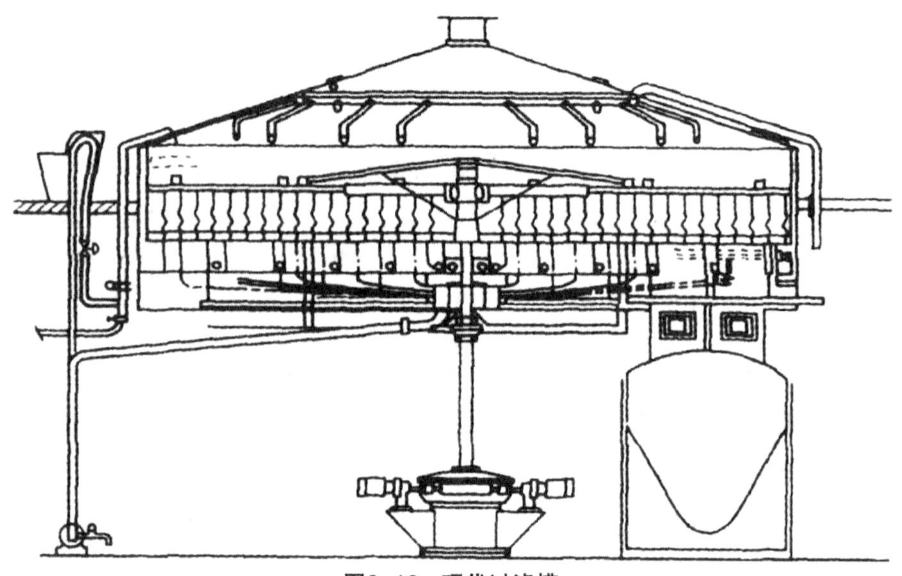

图2–13　现代过滤槽

4. 麦汁煮沸

麦汁煮沸的目的：蒸发水分；酶的钝化；麦汁灭菌；使蛋白质变性并产生絮凝沉淀；浸出酒花成分；降低麦汁的pH值；还原物质的形成；蒸发出不良的挥发性物质。

煮沸方法有夹套加热煮沸法、内加热式煮沸法和体外加热煮沸法等。

麦汁煮沸中酒花添加的目的：赋予啤酒特有的香味；赋予啤酒爽口的苦味；增强啤酒的防腐能力；提高啤酒的非生物稳定性；防止煮沸时串沫。

5. 麦汁冷却、凝固物分离及充氧

煮沸的麦汁不可直接使用，需要将其冷却至发酵温度，在冷却的同时要将凝固物分离出来，还要将供酵母菌生长繁殖的无菌空气通入。煮沸过程中，蛋白质变性凝固，即多酚物质氧化聚合形成凝固物。凝固物有两种，一种是热凝固物，另一种是冷凝固物，分类依据是凝固物的析出温度。

（1）热凝固物及其分离。热凝固物主要是在煮沸麦汁时产生的，温度低于60℃时，不会形成热凝固物。影响热凝固物析出的因素有很多，包括麦汁澄清剂、麦汁的pH值、煮沸时间、酒花等。

热凝固物不可以进入发酵阶段，热凝固物会黏附在发酵中的酵母细胞上，导致酵母菌发酵不正常。除此之外，热凝固物还会影响啤酒色度、口味等性质。

热凝固物的分离方法有很多种，包括沉淀槽分离、离心机分离、回旋沉淀槽分离等，目前使用最多的是回旋沉淀槽分离方法。

回旋沉淀槽主体是圆筒形，槽底形状多种多样，有平底、杯底、锥底等，应用最多的是平底，如图2–14所示。

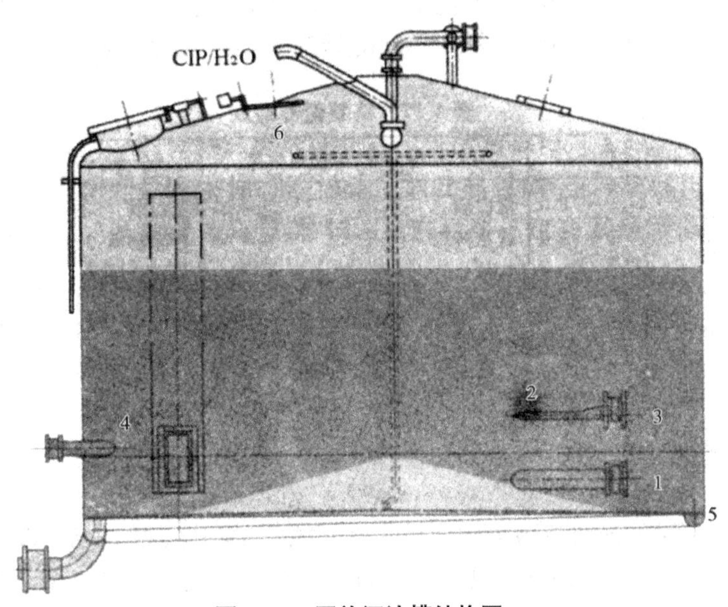

图2–14　回旋沉淀槽结构图

1—麦汁入口；2—液汁位；3—喷嘴；4—麦汁出口；5—环形槽；6—真空安全阀

在回旋沉淀槽中麦汁与热凝固物的分离分为两个阶段，第一个阶段是热凝固物沉积阶段，即热凝固物在回旋沉淀槽底部中央形成丘状沉积物；第二阶段是残余麦汁从热凝固物中渗出阶段。

（2）麦汁冷却。经过回旋沉淀槽处理之后，麦汁会从煮沸温度冷却到95℃左右，但是现在这个温度还远远不能满足酵母菌的发酵温度，酵母菌的发酵温度为7～8℃。薄板冷却器是最常使用的麦汁冷却器。

（3）麦汁充氧。酵母菌在有氧和无氧的环境下都可以生存，无氧环境下进行酒精发酵，有氧环境下进行生长繁殖。酵母菌进行醋酸发酵的基础是在数量上有一定的保障，酵母菌繁殖需要氧气，因此需要对麦汁进行通风处理，使其含有一定量的氧气。

麦汁充氧时间一般在麦汁冷却至低温后，即在薄板冷却器与发酵罐之间，并接近于发酵区。若单纯为酵母生长繁殖而充氧，充入空气量10L/100L（麦汁）即可达到7～8mg（氧）/L（麦汁）的要求。

（4）冷凝固物及其分离。冷凝固物是麦汁缓慢析出的不具有特定形状的细小颗粒。麦汁温度达到80℃时，就有冷凝固物析出。温度越低，冷凝固物的析出量越多。麦汁冷凝固物含量为150～300mg/L，为热凝固物的15%～30%。

6. 啤酒酵母

啤酒酵母的性能在很大程度上影响着啤酒的质量，性能越好的啤酒酵母，生产出的啤酒质量越好。啤酒酵母的种类和发酵工艺会影响啤酒生产的结果。

（1）优良啤酒酵母的基本要求。①能有效地从麦汁中摄取所需要的各种营养物质，发酵速度较快；②除了能代谢产生CO_2和酒精外，其他的代谢产物能赋予啤酒良好的风味；③发酵结束后，可以顺利地从发酵液中分离，使发酵液易于澄清。

（2）啤酒酵母扩大培养阶段的工艺控制。生产上使用的啤酒酵母必须经过纯种扩大培养，使细胞数量达到一定的要求后再用于啤酒发酵。啤酒酵母的扩大培养分为两个阶段：实验室扩大培养阶段和生产现场扩大培养阶段。

7. 锥底啤酒罐发酵技术

传统的啤酒发酵分为两种：一是上面发酵型；二是下面发酵型。最先出现的是上面发酵型方法，但是现在使用较多的是下面发酵型方法，占世界啤酒总产量的90%以上。下面发酵型与上面发酵型在工艺上有如下区别：①在温度方面，上面发酵型高于下面发酵型；②在发酵周期方面，上面发酵型比下面发酵型短；③在发酵阶段划分方面，上面发酵型只有主发酵一个阶段，下面发酵型可以分为两个阶段，分别为主发酵和后发酵；④在酵母回收难易程度方面，上面发酵型难于下面发酵型；⑤在罐压方面，上面发酵型高于下面发酵型。

传统的啤酒发酵过程分为两个阶段，一是主发酵阶段，也称为前发酵阶段；二是后发酵阶段。现在为了缩短发酵周期，提高生产效率，多采用立式锥底发酵罐进行发酵，换句话说，就是在一个容器中进行主发酵和后发酵。

目前，各大啤酒厂采用的发酵容器多为露天圆筒锥底发酵罐，它具有非常大的容积、锥底占用的面积比较小、投资较少、设备利用率高、自动化控制等优点。

8. 啤酒过滤

啤酒过滤的目的：除去啤酒中的悬浮物、混浊物、酵母、酒花树脂、多酚物质和蛋白质化合物，改善啤酒的外观，使成品啤酒澄清透明，富有光泽；除去或部分除去蛋白质及多酚物质，提高啤酒的非生物稳定性；除去酵母和细菌等微生物，提高啤酒的生物稳定性。

啤酒过滤的基本要求：过滤能力大；过滤质量好，滤液透明度高；酒损小，CO_2损失少；不污染，不吸入氧气，不影响啤酒的风味。

啤酒过滤的主要设备有硅藻土过滤机、板式过滤机、微孔薄膜过滤机和错流过滤机，目前使用最多的是硅藻土过滤机。

硅藻土过滤机的形式很多，目前使用比较广泛的有板框式、烛式、水平圆盘式三种，其中以板框式硅藻土过滤机最为常用。其优点：操作稳定；过滤能力可以通过增加组件而提高；构造简单，活动部件少，维修费用低。缺点：纸板消耗量比较大，成本增加；劳动强度大。

9. 啤酒的灌装

啤酒灌装是啤酒包装过程中的关键工序，它决定了啤酒的纯净、无菌、CO_2含量和溶解氧等重要指标。啤酒是含有CO_2的饮料，灌装要满足其物理特性、化学特性和卫生要求，并保持灌装前后啤酒的质量变化不大。在灌装过程中要遵循以下原则：

（1）在灌装过程中要尽可能与空气隔绝，即使是微量的氧也会影响最终啤酒的评价质量，因此要求灌装过程中的吸氧量不得超过0.02～0.04mg/L。

（2）要始终保持啤酒压力，CO_2逸出会影响啤酒质量。

（3）要保持卫生。灌装设备结构复杂，必须经常清洗，不仅要清洗与啤酒直接接触的部位，还要清洗全套设备。

随着啤酒工业的发展，不同品牌和规格性能的灌装机也发生了巨大的变化。灌装机结构比较复杂，不同灌装机之间也有或多或少的差异。灌装机的主要结构包括酒液分配器、贮酒室、导酒管和装酒阀。

国产FDC32T8型灌装机的结构如图2–15所示。

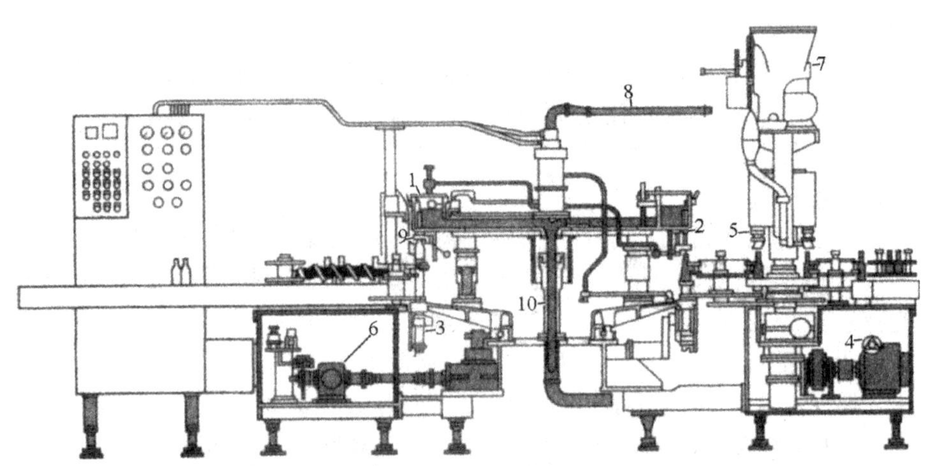

图2-15 国产FDC32T8型灌装机的结构图

1—灌装缸；2—灌装阀；3—提升气缸；4—驱动装置；5—输瓶有关零件；6—机身；7—压盖机；8—CIP 循环用配管；9—破瓶自动分离结构；10—中间自由分离结构

二、葡萄酒

目前，最常使用的酿造葡萄酒的葡萄为红皮白肉或红皮红肉品种。红葡萄酒的生产工艺流程如图2-16所示。

（一）Seitz型旋转罐发酵工艺

葡萄破碎后，输入罐中。在罐内进行密闭、控温、隔氧并保持一定压力的条件下，浸提葡萄皮上的色素物质和芳香物质，当诱起发酵、色素物质含量不再增加时，即可进行分离皮渣，将果汁输入另一发酵罐中进行纯汁发酵。前期以浸提为主，后期以发酵为主。旋转罐的转动方式为正反交替进行，每次旋转5min，转速为5r/min，间隔时间为25min。浸提时间因葡萄品种及温度等条件而异，如图2-17所示。

（二）Vaslin型旋转罐发酵工艺

葡萄浆在罐内进行色素及香气成分的浸提，同时进行酒精发酵，将温度控制在18～25℃，当残留的糖量达到5g/L时，进行压榨取酒，之后输入发酵罐进行发酵。在发酵的过程中，旋转罐的转速为2～3r/min，可以根据需求调节旋转罐的方向、时间等，如图2-18所示。

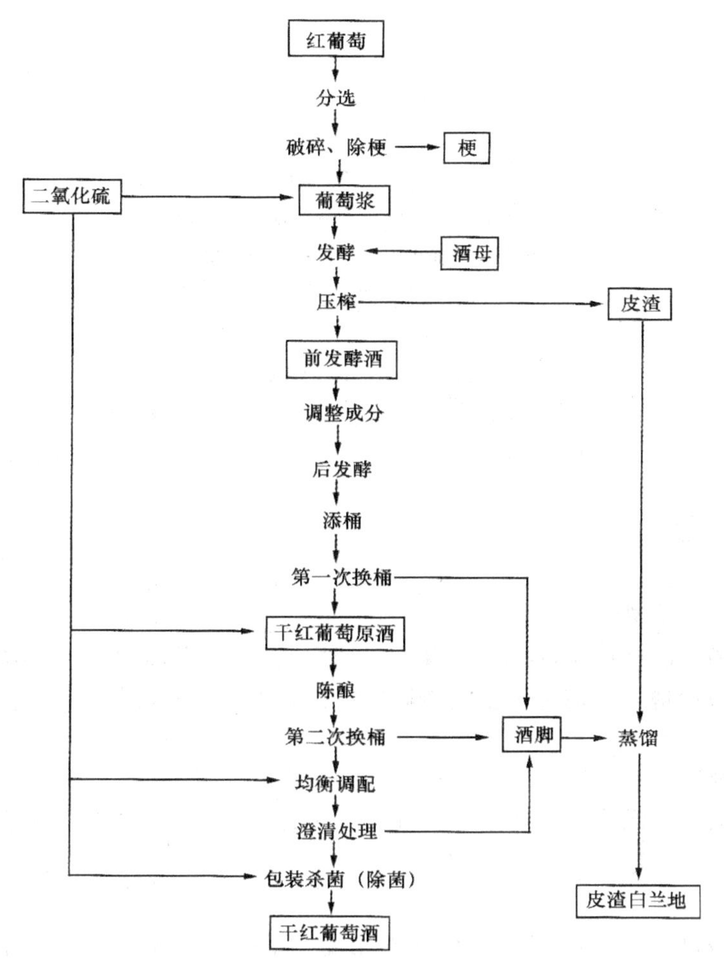

图2-16　红葡萄酒的生产工艺流程

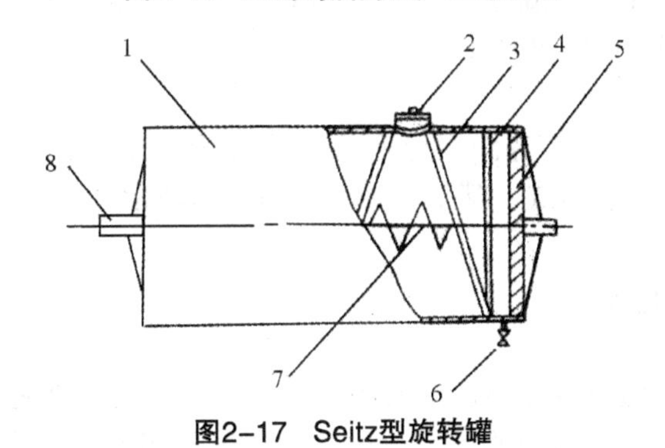

图2-17　Seitz型旋转罐

1—罐体；2—进料排渣口、人孔；3—螺旋板；4—过滤网；5—封头；6—出汁阀门；7—冷却蛇管；8—罐体短轴

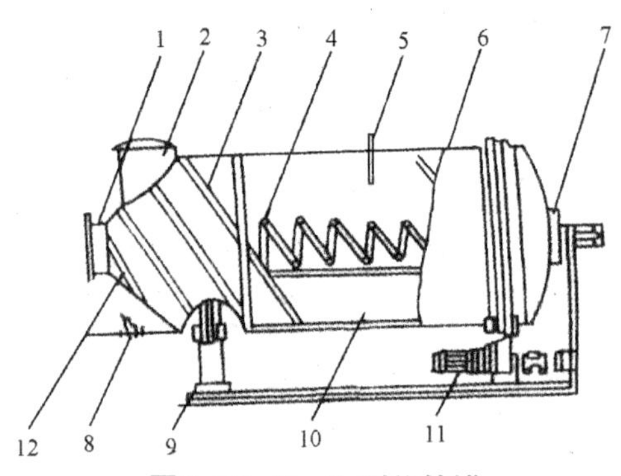

图2-18　Vaslin型旋转罐

1—出料口；2—进料口；3—螺旋板；4—冷却管；5—温度计；6—罐体；7—链轮；8—出汁阀门；9—滚轮装置；10—过滤网；11—电机；12—出料双螺旋

三、黄酒

（一）干型黄酒的酿造

干型黄酒含糖质量在15.0g/L（以葡萄糖计）以下，酒的浸出物较少，口味比较淡薄。麦曲类干型黄酒的操作方法主要有淋饭法、摊饭法和喂饭法三种。

1. 摊饭酒

绍兴元红酒是干型黄酒中具有典型代表性的摊饭酒，以糯米为原料酿制而成。其工艺流程如图2-19所示。

2. 喂饭酒

喂饭酒发酵是将酿酒原料分成几批，第一批先做成酒母，在培养成熟阶段，陆续分批加入新原料，扩大培养，使发酵继续进行的一种酿酒方法。其工艺流程如图2-20所示。

（二）半干型黄酒的酿造

这里以绍兴加饭酒为例进行介绍。实际上，加饭酒是一种浓醪发酵酒，采用摊饭法酿制而成。其工艺流程如图2-21所示。

四、白酒的酿造

食品酿造过程中会经历乙醇发酵，其主要表现在酒类酿造过程中，酒类酿造中的一大类是白酒的酿造。白酒酿造时使用的原料是淀粉质原料，包括高粱、玉米、小麦等，所经程序有蒸煮、糖化发酵、蒸馏等。

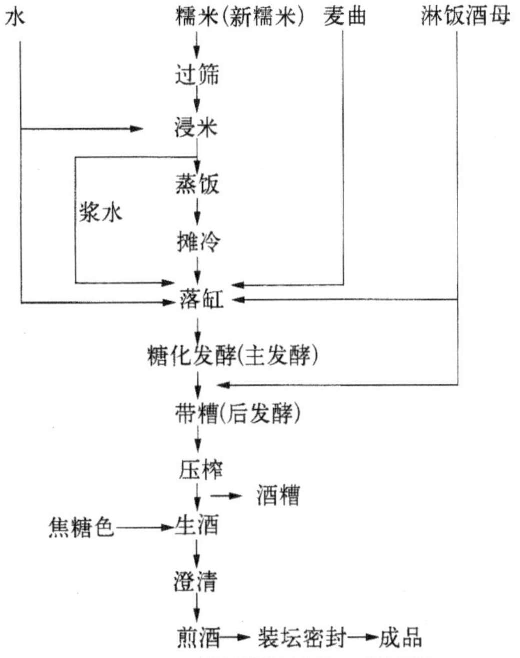

图2-19 摊饭酒的酿造工艺流程

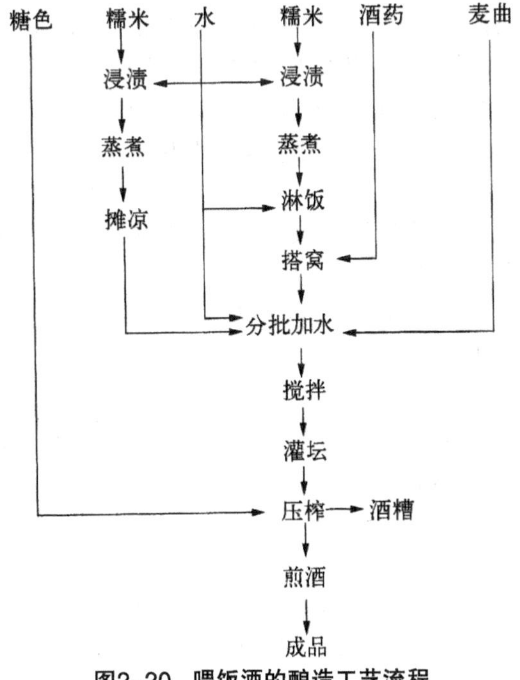

图2-20 喂饭酒的酿造工艺流程

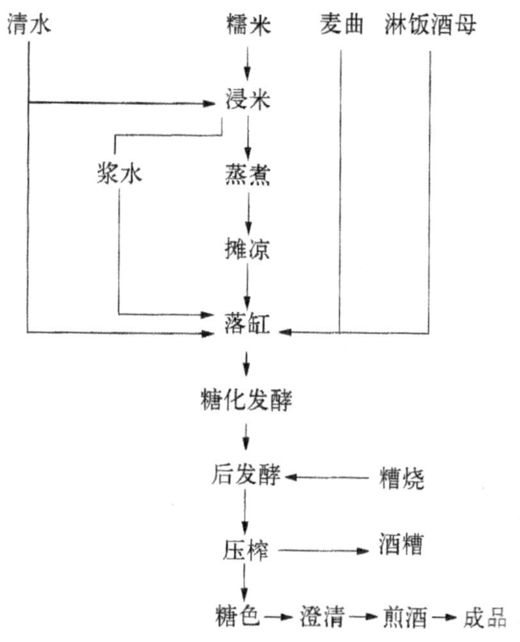

图2–21　加饭酒的酿造工艺流程

白酒的酿造已经有很久的历史，到今天为止，其技术已经非常精湛，酿造出来的白酒种类很多，都具有独特的风味。白酒酿造过程中使用的发酵剂有多种，不同的白酒使用的发酵工艺也不同，可将其分为液态白酒、麸曲白酒、大曲酒及小曲酒。液态发酵和传统的固态发酵是我国目前使用最多的白酒酿造工艺，传统的固态发酵是我国知名白酒的发展方向。

（一）大曲酒

下面介绍大曲酒的生产工艺流程和发酵中用到的微生物。

1.大曲生产工艺流程

小麦、豌豆→润料→磨碎→拌曲料（加曲母、水）→踩曲→曲胚→堆积培养→成品曲→贮存。

2.大曲微生物

大曲发酵使用的原料是纯小麦或者由小麦、大麦、豌豆所组成的混合物，大曲是原料自然发酵产生的。发酵过程中所使用的菌种为霉菌、放线菌和酵母菌。

（二）小曲酒

下面介绍小曲酒的生产工艺流程和发酵中用到的微生物。

1. 小曲生产工艺流程（以桂林酒曲丸生产工艺为例，如图2–22所示）

水　　　香草药　曲母
↓　　　↓　　↓
大米→浸泡→粉碎→配料→接种→制胚→裹粉→入曲房→培曲→出曲→干燥→成品

图2-22　小曲生产工艺流程

2. 小曲微生物

小曲又称药曲，小曲名字的来源是由于曲胚块较小，是用米粉、米糠和中草药接入隔年陈曲经自然发酵制成的。近年来，有不少厂家已采用纯种根霉代替传统小曲。但是小曲的地位是不可取代的，很多名酒的酿造使用的还是小曲。小曲中加入中药，可以促进小曲中有益微生物的生长繁殖，同时可以抑制其他杂菌的生长。

小曲的所有微生物中占主导地位的是根霉、毛霉和酵母菌等，次要地位的是乳酸菌类、杂菌等，如芽胞杆菌、青霉、黄曲霉等。从各种小曲中分离得到的根霉菌株，其性能各异，糖化力、乙醇发酵力和蛋白质分解力等性能因种类不同而不同。有些根霉能产生有机酸，例如，米根霉能产生乳酸，黑根霉能产生延胡索酸和琥珀酸；有些根霉则能产生芳香的酯类物质。

（三）固态发酵法

下面对固态发酵法的生产工艺流程和微生物进行介绍。

1. 生产工艺流程

原料粉碎→配料→蒸煮→加曲、加酒母拌匀→入池发酵→蒸馏→勾兑陈酿→白酒。

2. 白酒酿造微生物

中国传统白酒生产，窖是基础，操作是关键。随着对白酒微生物的深入研究，认识到老窖泥中栖息着以细菌为主的多种微生物。它们以酒醅为营养来源，以窖泥和香樟为活动场所，经过缓慢的生化作用，产生出以己酸乙酯为主体的香气成分——窖香味。大量的实践证明，老窖泥中主要有细菌、酵母菌及少量放线菌。

（四）液态发酵法

液态法白酒的生产工艺与现代乙醇的生产工艺基本相同。即将原料蒸煮后，加麸曲或淀粉酶制剂糖化。在糖化后的糖化醪中加入酒母发酵，经蒸馏得到食用乙醇后，再进行固液勾兑或串香后制得成品酒。一步法工艺则于乙醇发酵的后期加入乙酸菌共发酵，再经蒸馏制得成品酒。液态法白酒生产具有机械化程度高、劳动生产率高、淀粉出酒率高、对原料适应性强、不用辅料等优点。但液态法白酒的风味差是液态法白酒进一步发展的主要障碍。

第二节　调味品发酵及工艺研究

一、醋

（一）传统酿造工艺制醋

传统酿造工艺就是固态发酵法，醋的整个生产过程都是在固态条件下进行的。制醋时需拌入大量的砻糠、小米壳、高粱壳及麸皮等，使醋醅疏松，能容纳一定量的空气。糖化、酒化、醋化三边发酵同步进行，缓和了淀粉、乙醇对酵母菌、醋酸菌的干扰，促进有益微生物的生长，提高其发酵性能，为食醋色、香、味、体的协调奠定了基础。用此法酿制的醋有山西老陈醋、镇江香醋等。

山西老陈醋工艺流程如图2-23所示。

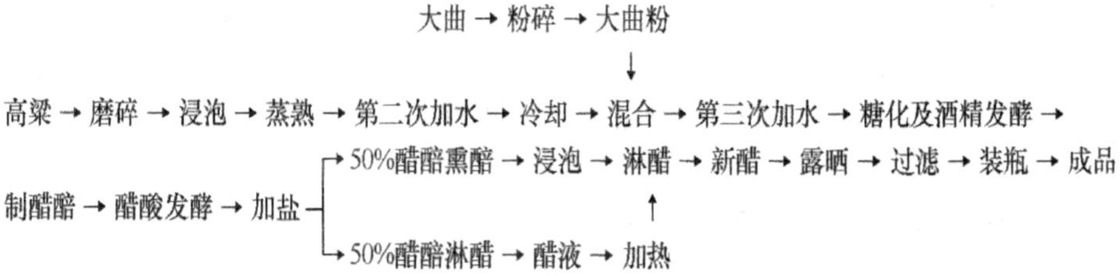

大曲 → 粉碎 → 大曲粉
↓
高粱 → 磨碎 → 浸泡 → 蒸熟 → 第二次加水 → 冷却 → 混合 → 第三次加水 → 糖化及酒精发酵 →
制醋醅 → 醋酸发酵 → 加盐 → 50%醋醅熏醅 → 浸泡 → 淋醋 → 新醋 → 露晒 → 过滤 → 装瓶 → 成品
加盐 → 50%醋醅淋醋 → 醋液 → 加热 ↑（至淋醋）

图2-23　山西老陈醋工艺流程

（二）酶法液化通风回流制醋

酶法液化通风回流酿醋工艺是利用酶制剂将原料液化处理，加快原料的糖化速度，同时，采用自然通风和醋汁回流代替倒醅操作，使醋醅发酵均匀，提高原料利用率的方法。

1. 工艺流程（图2-24）

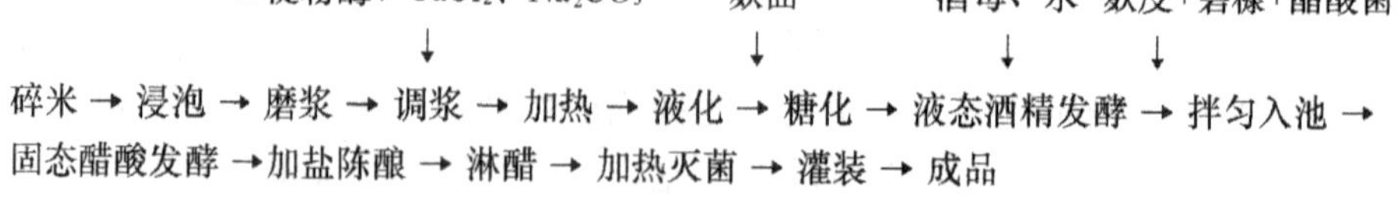

α-淀粉酶、$CaCl_2$、Na_2CO_3（↓调浆）　麸曲（↓糖化）　酒母、水（↓液态酒精发酵）　麸皮+砻糠+醋酸菌（↓拌匀入池）

碎米 → 浸泡 → 磨浆 → 调浆 → 加热 → 液化 → 糖化 → 液态酒精发酵 → 拌匀入池 →
固态醋酸发酵 → 加盐陈酿 → 淋醋 → 加热灭菌 → 灌装 → 成品

图2-24　酿醋工艺流程

2. 主要生产设备

酶化液化通风回流制醋的主要生产设备为液化及糖化罐、酒精发酵罐、醋酸发酵池。

（1）液化及糖化罐。一般容积为$2m^3$左右的不锈钢罐，罐内设搅拌装置及蛇形冷却管，蒸汽管置中心部位。

（2）酒精发酵罐。容积为$30m^3$左右的不锈钢罐，容量为7000kg，内设冷却装置。

（3）醋酸发酵池。醋酸发酵池的容积一般为$30m^3$，在池底上面15~20cm处设有一个假底，用竹篾制成，在竹篾的上面装料进行发酵，在竹篾的下面盛放醋汁。在竹篾的周围设有12个风洞，每个洞的直径大约10cm，用泵将回流液体打入喷淋管内，然后利用旋转将醋汁淋在醋醅表面，如图2-25所示。

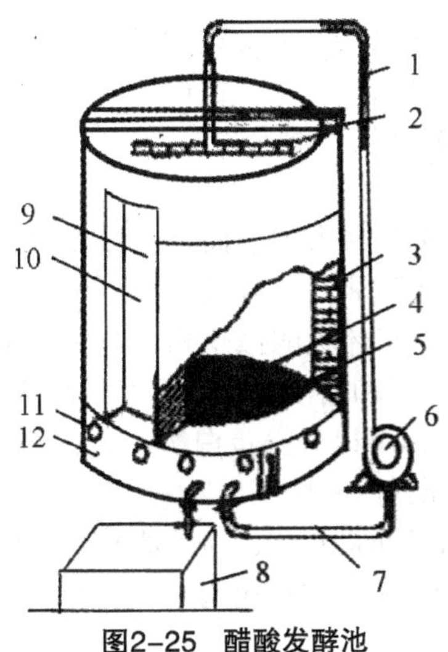

图2-25　醋酸发酵池

1—回流管；2—喷淋管；3—池壁；4—木架；5—竹篾假底；6—水泵；
7—醋汁管；8—储醋池；9—温度计；10—出渣门；11—通风口；12—醋汁存流处

（三）液态制醋法

常用的液态制醋法有表面发酵法、淋浇发酵法、液态深层发酵法等。液态发酵法不需要使用麸皮、谷糠等辅料，在一定程度上改善了生产环境的卫生，使生产过程变得更加机械化，缩短了生产周期。

工艺流程如图2-26所示。

α-淀粉酶、$CaCl_2$　　Na_2CO_3、糖化曲　酒母　　麸皮+砻糠+醋酸菌

↓　↓　↓　↓

淀粉质原料 → 调浆 → 液化 → 糖化 → 酒精发酵 → 酒醪 → 醋酸发酵 →醋醪 → 配兑 → 灭菌 → 成品

图2-26　液态制醋工艺流程

二、酱油

酱油的生产原料主要含有淀粉和蛋白质，发酵过程中利用的主要微生物是霉菌。中国酱油多以大豆、脱脂大豆等为蛋白质原料，以小麦等为淀粉原料。

（一）酿造原理

酱油的酿造过程中会有很多微生物参与，其中部分微生物可以分泌蛋白酶，将蛋白质原料分解为多肽和氨基酸，这些多肽和氨基酸是酱油的主要营养成分，酱油香味的来源也正是这些多肽和氨基酸。部分氨基酸进一步反应形成酱油香气和颜色。因此，蛋白质原料与酱油的色、香、味、体的形成有重要关系，是酱油生产的主要原料。

（二）酿造中的微生物

酱油酿造时并不是完全封闭的，而是一个半开放的环境，环境中的各种微生物都有可能参与到酱油的发酵过程中。但是在特定工艺流程下，只有人工接种或适合酱油生态环境的微生物才能生长繁殖并发挥其作用。酱油发酵过程中主要是米曲霉和酱油曲霉等霉菌发挥作用。

（1）米曲霉。米曲霉可以分泌蛋白酶、淀粉酶、谷氨酰胺酶等，它们可影响到酱油的品质和原料的利用率。

（2）酱油曲霉。与米曲霉相比，酱油曲霉的碱性蛋白酶活力较强。

（3）酵母菌。酵母菌中的鲁氏酵母和球拟酵母对酱油的风味和香气形成起重要的作用。

（4）乳酸菌。适量的乳酸菌是构成酱油风味的因素之一。

（三）生产工艺

酱油的生产工艺大致可以分为原料蒸煮、制曲、酱醪发酵、浸出淋油、调配、杀菌等程序。其工艺流程如图2–27所示。

三、面酱

面酱也称甜面酱，是以面粉为主要原料，利用米曲霉分泌的淀粉酶将面粉经蒸熟而糊化的大量淀粉分解为糊精、麦芽糖及葡萄糖。同时，面粉中的少量蛋白质，也经曲霉所分泌的蛋白酶的作用，将其分解为各种氨基酸，而使甜面酱又稍有鲜味，成为具有特殊滋味的产品。

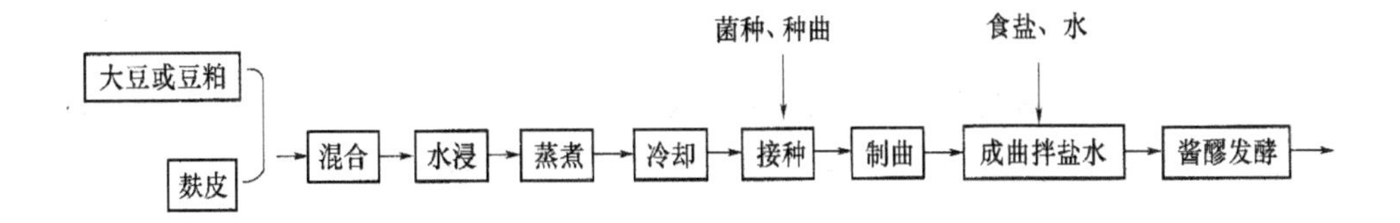

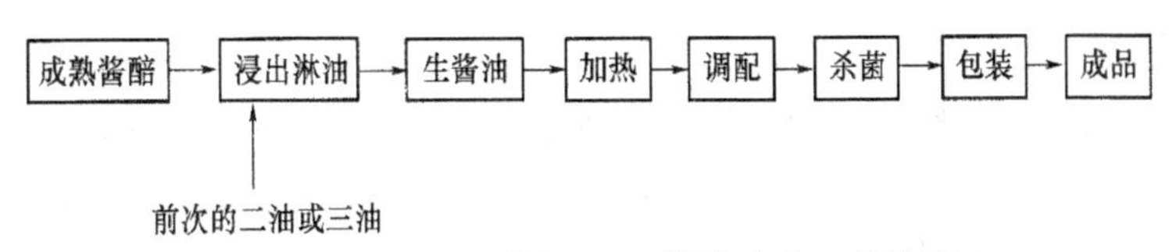

图2-27　酱油生产工艺流程

（一）原料

面酱的主要原料为食盐和面粉。

1. 面粉

面粉是制面酱的主要原料。面粉分为特制粉、标准粉和普通粉。制面酱一般采用标准粉。

（1）标准粉的成分见表2-1。

表2-1　标准粉的一般成分

水分/%	粗蛋白质/%	粗淀粉/%	粗脂肪/%	灰分/%
9.5 ~ 13.5	9 ~ 11	72 ~ 77	1.2 ~ 1.8	0.9 ~ 1.1

（2）面粉的性质。在高温高湿季节，面粉往往容易变质。变质后的面粉其脂肪会分解产生令人不愉快的气味，糖类也会发酵产酸，面筋质会变性而失去弹力或黏性。严重时甚至发生虫害，这更影响面酱的质量，因此储藏期间须妥善保管，并尽量使用新鲜面粉。

2. 食盐

（1）食盐的作用。食盐是制面酱的重要原料，它在酱类发酵过程中，可抑制杂菌的污染，使酱醅安全成熟，保证酱品的质量；同时也是酱咸味的主要来源，是保证酱类风味的主体成分之一。

（2）用盐要求。由于面酱一般直接食用，应选择含杂质极少的再制盐，氯化钠含量为98%左右。

3. 水

酱类成品中有55%左右的水分。此外，在酱类加工过程中也需要大量的水，因此水是制酱的重要原料。凡能生活饮用的水，一般均可使用。

（二）制曲

下面主要对制曲的工艺流程和操作要点进行介绍。

1. 工艺流程

制曲的工艺流程如下如图2-28所示。

面粉+水→拌和→蒸熟→冷却→接种→厚层通风培养→面糕曲

↑

曲精或种曲

图2-28 制曲工艺流程

2. 操作要点

（1）原料处理。用和面机将面粉与水充分拌和均匀（每100kg面粉加水28～30kg），使其成为细长条形或蚕豆大小的颗粒，然后及时送入常压蒸锅中蒸料，一般待锅蒸汽上升后再蒸5～10min即可，以蒸熟为原则。蒸熟的标准是面糕呈玉色，嘴嚼时不粘牙齿且稍有甜味。

（2）冷却接种。将蒸熟的面糕冷却至40℃，按100kg面粉接种曲0.3kg的比例，将与面粉拌和后的种曲均匀撒在面糕表面，再拌和均匀。

（3）制曲（厚层通风培养）。将曲料疏松平整地装入曲箱，料层厚25cm。曲料入箱后立即通风，使曲料品温均衡至30～32℃。静止培养6h左右，曲料品温逐渐上升，开始间断输入循环风，使料温保持33℃左右。6～8h后，曲料表层出现白色绒毛状菌丝，内部有菌丝繁殖，曲料结块，间断通风品温难以下降时，进入制曲第二阶段。

当曲料温度持续上升，曲料结块，料呈白色，立即输入冷风，使曲料品温降至30℃左右，翻曲一次，继续通风。曲料品温保持在35℃左右，经8h左右通风培养，曲料二次结块，再进行一次翻曲即进入第三阶段。

二次翻曲后，曲料品温上升缓和，曲料表层菌丝体顶端开始有孢子着生，并随着时间的延长，曲料颜色逐渐变黄，此时应连续向曲箱输入循环风，并调节室温和相对湿度，曲料品温保持在35℃左右，18 h左右，孢子由黄变绿，曲料结成松软的块状，即为成曲。

（4）感官质量标准。成曲呈黄绿色，有曲香，手感柔软，有弹性，没有硬曲、花曲、烧曲，无酸臭气及其他不良气息。

（三）制酱

下面对制酱的工艺流程和操作要点进行介绍。

1. 工艺流程

制酱的工艺流程如图2-29所示。

食盐+水→配制→澄清→盐水→加热

↓

面糕曲→入发酵容器→自然升温→加盐水→酱醪保温发酵→成熟酱醪

图2-29 制酱工艺流程

2. 操作要点

（1）配合比例。面糕曲100kg，14° Bé盐水100kg。

（2）食盐水的配制。同酱油生产，制酱用食盐水必须澄清，取清液使用。

（3）制醪发酵。制醪可采取两种方法：一种是先将面糕曲送入发酵容器内，耙平后自然升温，并随即从面层四周徐徐一次注入制备好的14° Bé热盐水（加热至60～65℃，并经澄清除去沉淀物），让它逐渐全部渗入曲内，最后将面层压实，加盖保温发酵。品温维持在53～55℃，每天搅拌一次，至4～5天面糕曲已吸足盐水而糖化，7～10天后酱醅成熟，变成浓稠带甜的酱醪。

另一种是先将14° Bé盐水加热到65～70℃，同时将面糕曲堆积升温至45～50℃，第一次盐水用量为面粉的50%，用制醅机将面糕曲与盐水充分拌和后，送入发酵容器内，此时要求品温达到53℃以上。拌和发酵容器完毕，应迅速耙平，面层用再制盐封好并加盖，品温维持在53～55℃，发酵时间7天，发酵完毕，再第二次加入沸盐水。最后利用压缩空气翻匀后，即得浓稠带甜的酱醪。

（四）成品

需要对成品进行一定的处理，主要是磨细、过滤、灭菌及防腐。

1. 磨细及过滤

面酱用面糕制成，酱醪成熟后总带有些小疙瘩，舌觉感到不舒服，需经过磨细工序。磨细可用石磨或螺旋出酱机。石磨工作效力低，劳动强度大；螺旋出酱机可在发酵容器内直接将酱醪磨细同时输出，劳动强度显著减低，工作效率明显提高。磨细的面酱再经过滤，除去小的稠块，更能保证成品质量。

2. 灭菌及防腐

面酱属直接食用的调味品，大多不经过煮沸而直接食用，但生产上一般面酱产品不经过灭菌处理，从卫生上讲很不适宜直接食用。此外，面酱在室温下容易引起酵母发酵及生白花，不易储藏。为了提高面酱的质量，延长储藏时间，可将成熟后的面酱迅速磨细与过滤后立即通入蒸汽加热至65～70℃，加热时再添加0.1%苯甲酸钠搅拌均匀，以保证面酱的质量。

第三节　酵素发酵及工艺研究

发酵蔬菜是我国历史悠久的传统发酵食品，其制作工艺可以追溯到先秦时代。传统发酵蔬菜是以蔬菜为原料，利用有益微生物的活动及控制一定生产条件对蔬菜进行发酵加工制成的产品。常见的发酵蔬菜产品有泡菜、酸菜和酱腌菜等。

一、泡菜的生产

（一）泡菜生产的原材料

生产泡菜的主要原料是蔬菜，辅料是食盐和水。

1. 蔬菜

泡菜加工对蔬菜的一般要求是新鲜、大小基本一致、成熟适度、质地致密而嫩脆、无病虫害、无机械损伤、无发热现象，卫生指标必须达到无公害要求。对于现代工业化泡菜生产加工的原料品种，还应符合高产抗逆、干物质含量较高、水分含量较低、加工过程中不易发生色泽变化（如酚类物质含量应较低）和脆度变化、易保持蔬菜的自身风味、菜汁液不易外流、耐贮运等要求。

适于制作泡菜的蔬菜有很多，常用的有根菜类的萝卜、胡萝卜；茎菜类的莴苣、球茎甘蓝、生姜、大蒜、藠头；叶菜类的大白菜、芹菜、芥菜、雪里蕻、紫苏；果菜类的辣椒、黄瓜、豇豆和苦瓜等。

2. 食盐

食盐是泡菜加工的主要辅料之一，在蔬菜的泡渍发酵中起防腐、脱水、变脆和呈味等作用。

3. 水

泡菜加工过程中用水量较大，水质必须达到《生活饮用水卫生标准》（GB5749–2006）中的要求。

4. 调味料和香辛料

我国民间在制作泡菜时常加入一些香辛料和调味料，在泡菜生产加工中添加香辛料和调味料，不但可以起到调味和调色的作用，而且具有不同程度的防腐、杀菌作用，可延长泡菜的保质期。四川泡菜常用的调味料和香辛料有酱油、食醋、味精、花椒、胡椒、八角、排草、甘草、白菌、小茴香、桂皮、山柰、橘皮、丁香、白酒、料酒、醪糟汁、甜味剂（白砂糖、饴糖、甜蜜素、安赛蜜、甜菊糖苷）和着色剂（姜黄、柠檬黄、辣椒红）等。

（二）泡菜制作工艺

传统的四川泡菜加工大多数是小规模企业或家庭作坊，占地面积小、产量低，一般以陶坛为主要泡渍发酵容器，用食盐水（2%～10%）溶液密闭泡渍发酵，泡渍发酵完成后即食（以乳酸发酵为主，乳酸含量为0.5%～1.0%）。多数不包装或散装不作杀菌处理，泡菜产品新鲜、清香、脆嫩、可口。四川地区的泡菜食用方法是直接食用（本味清香）或拌上调味品（主要为红辣椒酱）食用。传统泡菜的一般制作工艺流程如图2-30所示

加入配制食盐水
↓
生鲜蔬菜→挑选、整理→清洗、切分→预泡渍→入坛→泡渍、发酵→检测→出坛→泡菜产品

图2-30　泡菜工艺流程

1. 蔬菜预处理

首先将蔬菜浸入水中淘洗，除去污泥及各种杂质，再用清水洗净，捞出，沥去浮水。去除不可食用的部分，并根据各类蔬菜的不同特点纵向或横向切割为条块状或片状，然后进行预泡渍（传统上称“出坯”），即泡头道菜，目的是利用食盐的高渗透压除去菜中的部分水分、渍入盐味和杀灭腐败菌，同时能保持正式泡制时盐水浓度。一般预泡渍的食盐水浓度为2%～10%，也有的可高达15%（一般用于旺季时贮藏蔬菜）。预泡渍所使用的食盐水浓度与蔬菜的品种有关。莲白、青菜头、黄瓜、莴苣等质地嫩脆、含水量高、食盐易渗透、不宜久贮的蔬菜，预泡渍的食盐水浓度要低；而辣椒、芋艿、大葱等质地老、含水量低、宜久贮的蔬菜，预泡渍的食盐水浓度可稍高一些。预泡渍的时间也与蔬菜的质地有关，气味浓烈的大蒜、洋葱、辣椒和子姜等，预泡渍时间应长一些（如1～3天），但也不宜太长，否则会造成蔬菜原料中可溶性固形物和营养成分的损失；易褪色的浅色蔬菜预泡渍时间应短一些（如1～5h）。此外，预泡渍的时间还与蔬菜贮藏时间的要求有关，蔬菜旺季时，为了解决蔬菜贮藏困难的问题，需采用高浓度的食盐水（15%以上）进行预泡渍（或称“腌制”），这样预泡渍可达1～6个月而蔬菜不腐烂。预泡渍之后的食盐水可继续用于同品种蔬菜的“出坯”。

2. 泡渍

预泡渍之后进行正式泡渍发酵，首先配制食盐水和准备好泡渍用的辅料（香辛料等），然后把预泡渍后的蔬菜转入坛内，进行密闭泡渍发酵。

（1）食盐水的配制。食盐水的配制采用冷开水，按冷开水重的2%～10%配制食盐溶液，若食盐水中有杂质则需过滤除去，食盐水配制好后存放备用。食盐最好采用不加碘的精制食用盐。

（2）盐水与泡渍用辅料的准备。泡渍高质量的泡菜，常在盐水中添加食糖和香辛料等辅料，见表2-2。其中，白酒、料酒、醪糟汁等起辅助食盐渗透、防止产膜（腐败菌滋生）、增香增味和保嫩脆等作用；红糖或白糖起促进泡渍发酵、护色和协调诸味的作用；辣椒、生姜、大蒜、花椒、八角、排草和白菌等香辛料起增香增味和除异香异味的作用，使用时可将其包裹于单层或双层纱布中（称为“香料包”），然后放置于泡渍盐水中。对于一些浅色蔬菜，需要保持新鲜色泽，不宜使用红糖或八角，可用白糖或山柰代替；对于一些本身味淡的蔬菜（如藕和地瓜等）可加入白菌增鲜。

表2-2 盐水辅料与泡渍辅料

<table>
<tr><th colspan="2">辅料</th><th>用量/%</th><th>说明</th></tr>
<tr><td rowspan="4">盐水用辅料</td><td>白酒</td><td>0.5~1.5</td><td>高粱白酒（50%～65%）</td></tr>
<tr><td>料酒</td><td>1~2</td><td>黄酒（15%～20%）</td></tr>
<tr><td>醪糟汁</td><td>1~2</td><td>自酿或购买</td></tr>
<tr><td>红糖</td><td>1~3</td><td>可用白糖代替</td></tr>
<tr><td rowspan="12">泡渍用辅料</td><td>红辣椒</td><td>1~5</td><td rowspan="12">新鲜、干净</td></tr>
<tr><td>大蒜</td><td>0.5~2</td></tr>
<tr><td>生姜</td><td>0.5~2</td></tr>
<tr><td>花椒</td><td>0.1~0.5</td></tr>
<tr><td>八角</td><td>0.01~0.1</td></tr>
<tr><td>木柰</td><td>0.01~0.1</td></tr>
<tr><td>排草</td><td>0.01~0.1</td></tr>
<tr><td>甘草</td><td>0.01~0.5</td></tr>
<tr><td>小茴香</td><td>0.01~0.1</td></tr>
<tr><td>桂皮</td><td>0.01~0.1</td></tr>
<tr><td>白菌</td><td>0.01~0.5</td></tr>
</table>

（3）蔬菜入坛。传统四川泡菜制作一般用泡菜坛，这是其工艺独特之处。泡菜坛通常为陶土制成，口小肚大，在距坛口边缘6～16cm处设有一圈水槽，称为坛沿，槽沿稍低于坛口，泡制时坛沿装满水（称为坛沿水）以隔绝外界空气，而坛内发酵产生的气体可通过水逸出。

将前述配制好的食盐水[按菜水比1：（2～5）]装入干净的泡菜坛中，按比例放入泡渍辅料或“香料包”，然后装入预泡渍后的蔬菜，直至菜水离坛口5～10cm，用竹篾卡（或石头）压住蔬菜，使其完全淹没在盐水中，盐水离坛口3～5cm，此为“盐水装坛”，适用于可靠重力自行沉没的茎根类蔬菜（如萝卜、蔃头和大葱等）；另外一种装坛方法为“干装坛”，适用于不能靠重力自行沉没的叶果类蔬菜（如辣椒等），其方法是先装预泡渍后的蔬菜和泡渍辅料或“香料包”（“香料包”位于坛的中央），直至菜离坛口5～10cm，用竹篾卡（或石头）压住蔬菜，然后灌入配制好的食盐水，盐水离坛口3～5cm。

3. 泡渍发酵

装坛完成后，随即盖上坛盖，并在坛沿内加入清水或盐水，将坛盖底端与坛沿结合处全部淹没，以隔绝空气，此时泡渍发酵正式开始。泡渍发酵是泡菜生产的关键环节，发酵温度一般为室温，也可采用恒温（通常在直投菌剂时使用）。

泡渍发酵是典型的乳酸发酵，属厌氧发酵，应保持泡渍发酵房或车间的清洁，做到干净卫生，同时要保持密闭发酵，随时检查并保持坛沿内不缺水。泡渍发酵的初期，有气泡从泡菜坛内通过坛沿水冒出，其响声不大，间隔有规律，打开坛盖无刺鼻的气味，则表明泡渍发酵正常；如果气泡响声大而急促，打开坛盖有刺鼻的气味，菜水色泽不正常（盐水浑浊等），则表明泡渍发酵不正常，原因是感染了杂菌（腐败菌等）而产气。若感染不严重，加入较高浓度的食盐水或1%的高粱白酒或抑菌作用较强的香辛料等就可解决问题；若感染较严重则应弃去。

泡渍发酵时间的长短与蔬菜品种、切分的大小、食盐水浓度和发酵温度等有关，其中食盐水浓度和发酵温度是主要影响因素。一般夏季的发酵时间为3～7天，冬季为5～15天，也有的发酵时间达30天甚至更长。

泡渍发酵后的盐水可多次使用，但需补加适量的食盐以保持食盐水的浓度。

现代泡菜（调味泡菜）是在传统泡菜生产工艺的基础上，利用现代食品工程技术和设备设施、调味技术、包装和杀菌技术等生产加工而成的蔬菜制品，其主要生产工艺包括原料选择、（发酵）预处理、处理（脱盐）、配料（调味）、包装和杀菌等过程。与传统泡菜制作加工相比主要有以下特点：规模化加工、产量大；以盐渍池（或大型陶坛或大型不锈钢容器）为主要（盐渍）发酵容器；食盐用量较大（10%~15%）；泡菜需要进行配料（调味）；需要进行包装和杀菌处理；机械化和自动化程度较高等。

（三）风味调配与品质保持

泡菜品质主要是色泽、脆性及风味等。

1. 保持泡菜色泽

为了保持泡菜的色泽，在腌制之前，需要用微碱性溶液对绿色蔬菜进行浸泡或漂烫，或者增加盐的使用量。$CuSO_4$具有保持蔬菜色泽的功效，可以在泡制之前适量加入。

2. 保持泡菜脆性

发生泡菜软化是食盐浓度较低或植物原料本身（或微生物）分泌的软化酶造成的。最常见的软化酶是果胶酶，它能分解蔬菜中的果胶而使泡菜软化。此外，还有能使果实、种子发生软化的聚半乳糖醛酸酶等。适当提高食盐浓度可防止泡菜软化，但高盐会带来一些不利影响，目前常采用添加钙盐（$CaSO_4$、$GaCl_2$和葡萄糖酸钙等）增加泡菜水硬度等措施来保脆。

3. 调配泡菜风味

有的蔬菜和辅料本身就具有一定香味，使用其制得的泡菜自然而然就具有一定的香气，但泡菜的香气更多是由发酵产生的。为了保证泡菜的发酵风味，需要保证泡菜的研制周期合理性。一般工业化生产会使用一些调味料来调配泡菜的风味，常用的调味料有食用植物油、红油辣椒、辣椒粉、酱油、食醋、有机酸（乳酸、柠檬酸等）、白砂糖、味精、核苷酸、五香粉以及各种蔬菜香精、调味液和色素等。

二、酱腌菜的生产

酱腌菜是我国的传统小菜，相传已有近三千年的历史。我国幅员广阔，各地的加工方法和生产季节不同，加上人们的口味各异，所以各地都有各具特色的酱腌菜产品，如我国北方的酸菜、四川的榨菜、扬州的酱菜、萧山的萝卜干和北京的六必居酱菜等，都是极富特色、驰名中外的产品。

（一）酱腌菜生产原材料

酱腌菜的主要原料是蔬菜，辅料有食盐、甜面酱、香辛料、辣椒等。

1. 原料

酱腌菜加工的主要原料为蔬菜的根、茎、叶、瓜果，而花菜类较少。

适于制作酱腌菜的根菜类有萝卜、胡萝卜、大头菜、芜菁（又名蔓菁）和芜菁甘蓝（又名洋大头菜）等，其中萝卜的比例最大；茎菜类有莴苣、苤蓝、榨菜、生姜、宝塔菜、土姜、莲藕、大蒜、藠头等；叶菜类有雪里蕻、箭杆白菜、酸白菜、春菜、川东菜、南丰菜、梅干菜、大白菜、京冬菜、结球甘蓝、芹菜等；瓜果类有黄瓜、菜瓜、辣椒、茄子、豇豆等；花菜类有黄花菜、韭菜花等。此外，石花菜、海带和一些果仁、果脯也可用于制作酱腌菜。

2. 辅助原料

（1）食盐。食盐是酱腌菜的主要辅助原料之一，它使酱腌菜具有咸味，并与氨基酸化合成为氨基酸的钠盐，使酱腌菜具有鲜味，食盐更重要的作用是防止蔬菜腐败，使它们得以长期保存。我国的酱腌菜成坯，常采用高浓度盐水保存，即“封缸”。酱腌菜用盐的要求是水分及杂质少、颜色洁白、卤汁少。

（2）甜面酱和黄酱。酱是生产酱菜的重要辅助原料。酱的质量往往是酱菜质量好坏的决定因素，酱菜质量的感观鉴定指标（色、香和味）都来源于酱。因此，优质的甜面酱和黄酱，是保证酱菜质量的先决条件。

（3）虾油和鱼露。虾油和鱼露是制作虾油渍菜的辅助原料。虾油和鱼露的不同之处在于原料：以小海虾为主的产品叫虾油；以海鱼为主的产品叫鱼露。

（4）辣椒块、辣椒酱和辣椒油。辣味酱腌菜又称为辣椒酱和辣椒油渍菜，其辣味物质主要是辣椒，以辣椒块、辣椒酱、辣椒粉或用辣椒粉炸的辣椒油作为辅助原料。

（5）辛香料。酱腌菜除本身所具有的香味之外，各种辛香料在增加风味方面也起到一定的辅助作用。常用的辛香料有花椒、大料（八角、大茴香）、桂皮、胡椒、小茴香、咖喱粉、芥末面、五香粉、香辣粉、味精、胡椒粉和花椒粉。此外，还有姜粉、辣椒面、丁香、甘草、橘皮、砂仁、豆蔻、草蔻和山柰等。

（6）着色料。酱腌菜品种的色泽对其质量有一定影响。瓜类、蒜苗、豇豆、辣椒、胡萝卜等应尽量保持蔬菜本身的天然色泽，但有些原料（如酱萝卜、脯、甜咸大头菜）等则需要改变颜色才能增加其特色，这就需要使用着色料。常用的着色料有酱色、酱油、食醋、红曲和姜黄等。

（7）防腐剂。防腐剂的作用是抑制酵母、霉菌和细菌等微生物的生长，延长酱腌菜制品的贮藏期。常用的防腐剂有苯甲酸钠和山梨酸钾等，一般在前期腌渍过程中不使用，后期包装时可适当使用，但要严格按照国家防腐剂的标准使用。

（二）发酵酸菜制作工艺

酸菜的种类很多，东北、华北、西北以及华中一些地区的酸菜是以白菜为原料，另外一类较普遍的酸菜是以芥菜为原料。此外，还有用胡萝卜、蔓菁、芹菜及菊芋的块根、块茎等作为原料腌制的酸菜。由于所用原料、生产工艺以及所处地域不同，所利用的发酵微生物种类也不同，形成了各地风格各异、各具特色的酸菜。酸菜制作的一般工艺流程如下（以白菜和卷心菜为例）：

原料→清洗、修剪→整理/切丝/切半→加盐→加水（没过菜体）→发酵→成品→包装。

1. 原料选择与处理

选取新收获的白菜或卷心菜，去除残次部分，清洗、切丝、切半或整棵不切割，放入坛内或缸内。由于地域不同，具体选择的菜品及要求也不同，如卷心菜宜选择口味淡爽、偏甜的白色品种，它的菜头偏重，外面的绿叶较少，含可发酵性糖的浓度大约为5%，其中果糖和葡萄糖含量几乎相同，蔗糖含量少，制作的酸菜口味较好。

一般来讲，大多数的白菜和卷心菜都可以进行正常的乳酸发酵，但也有少数品种无法进行正常的乳酸发酵，致使产品质量很差。这是因为这些品种的原料中含有某些抑制乳酸菌生长的成分，或者缺乏乳酸菌生长所必需的营养成分。

2. 加盐

盐对蔬菜发酵有很大影响，具体如下：

（1）加盐后渗透压升高，可以抑制有害菌生长。

（2）加盐有利于蔬菜中营养成分的释放，从而促进乳酸菌的生长。

（3）加盐可提高发酵蔬菜的适口性。盐浓度在1.8%～2.5%时可使乳酸菌正常生长，发酵结束时产品的酸浓度和盐浓度适合，产品口感好；盐浓度高于3.5%时对肠膜明串珠菌的生长不利；过高的盐浓度会使产酸速度降低，发酵后的酸菜盐和酸的比例不当，口味较差；如果盐的浓度低于2%，会因产酶菌的活动而使产品软化。

3. 发酵

酸菜装入容器并加盐后，将容器口封好或加水使水没过蔬菜，使蔬菜处于厌氧环境，抑制好氧菌的生长，进行乳酸菌发酵，发酵温度一般为20～25℃，发酵时间为4～6周，最终酸度在1.5%左右（以乳酸计），pH值在4.1以下。

温度对酸菜发酵非常重要，不同温度下进行发酵的乳酸菌类型不同，最终的酸含量和风味也不同。一般来讲，低温发酵要比高温发酵的酸菜具有更好的风味、颜色和性质，这主要是因为温度高时主要由同型乳酸菌完成发酵，乳酸多而乙酸少，导致发酵蔬菜的风味和适口性较差。

（三）发酵橄榄制作工艺

橄榄的发酵类似于酸菜，只是在盐渍之前需将橄榄在1.6%～2.0%的碱液中浸泡4～7h（21～25℃），其目的是除去橄榄中的苦味物质。碱液浸泡之后以清水洗涤，然后进行盐渍，盐浓度为5%～15%，具体根据橄榄的品种和大小而定。在橄榄发酵的过程中，乳酸菌中的乳球菌类（明串珠菌和啤酒片球菌等）先占据生长优势，然后是乳杆菌（植物乳杆菌和短乳杆菌等）占据生长优势。碱处理对于微生物生长有一定影响，因此橄榄的发酵时间较长，一般为6～10个月，最终产品酸含量为0.18%～1.27%，pH值为3.8～4.0。

（四）韩国泡菜制作工艺

韩国泡菜在制作上讲究腌渍，其精华在于腌制调料，种类丰富，配比合理，从而形成韩国泡菜特有的风味和口感。

韩国泡菜中有70%以白菜为原料（辣白菜），20%以切片的萝卜为原料，其他原料占10%。香辛料有大葱、大蒜、红辣椒粉、姜、韭葱、芥末、黑胡椒、洋葱和肉桂；调味料有盐、盐渍及发酵的虾、凤尾鱼、黄豆酱、醋、化学调味剂、甜味剂、芝麻及芝麻油、牡蛎等，这些调味料根据具体情况选择添加。其他辅料有水果、谷物、海产品和肉类。添加鱼类和肉类可改善泡菜的风味，添加谷物可增强乳酸发酵。其发酵工艺如图2–31所示。

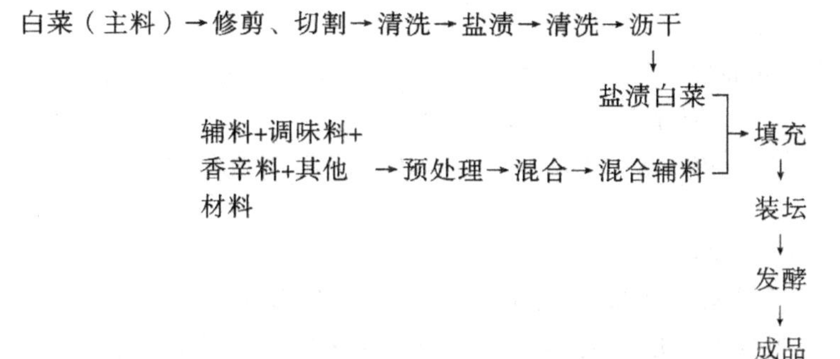

图2–31　韩国泡菜的发酵工艺

原料应选择紧实、无腐烂、无虫害的新鲜白菜。将选好的白菜剥去老叶、干边叶、虫害叶等不良部分，切去根部，要求去根彻底，切面平整。然后将白菜纵切为两半，将切分好的白菜置于盐渍槽内，将配制好的食盐水注入盐渍槽内，并保持盐水温度。将白菜完全浸入盐水中盐渍7～8h。盐渍好的白菜反复清洗4次，以流水清洗表面食盐水及异物。将清洗后的白菜沥水8h左右，然后放于挑选台上，人工挑选，将变色和不良部分除去。将辅料按照配方配制成调味酱，对挑选后的白菜进行人工抹料，将配制好的配料逐层均匀涂抹在白菜叶面上，装坛发酵。由于韩国泡菜的制作过程中不向发酵坛内加水，因此并非严格厌氧，其乳酸发酵过程是属于兼性厌氧型，这一点与四川泡菜有明显区别。

第四节　酸乳制品及肉制品发酵工艺研究

一、酸乳的生产

（一）凝固型酸乳的加工技术

下面对凝固型酸乳的工艺流程及操作要点进行介绍。

1. 工艺流程

凝固型酸乳的工艺流程如图2-32所示。

2. 操作要点

凝固型乳酸发酵的时候需要注意以下操作要点。

（1）原料乳要符合要求。按照规定，酸乳的原料乳需要满足以下要求：①总乳固定含量大于11.5%，其中非脂乳固定含量大于8.5%；②鲜乳中不得残留抗生素、杀菌剂等物质；③当牛患有乳房炎的时候，此时产的牛乳是不可用的。

（2）标准化。目前，原料乳的标准化工艺方法主要三种：一是直接加混原料组成；二是浓缩原料乳；三是复原乳。

1）直接加混原料组成。为了达到原料乳标准化的目的，在原料乳中添加乳粉。

2）浓缩原料乳。浓缩过程一般有三种方式。

第一种是蒸发浓缩：用蒸发器除去乳中部分水分，从而提高原料乳中各化学组分的浓度。乳品加工中经常使用单效板式蒸发器，因为它容易并入酸乳生产线，通常是在原料乳杀菌之前使用这种蒸发器，以达到提高总乳固体的目的。在国外，广泛应用真空蒸发、降膜式单效机械再压缩蒸发、多效蒸汽喷射压缩蒸发等蒸发技术对原料乳进行浓缩处理。

影响蒸发浓缩的关键参数是浓缩温度、原料乳在蒸发器中停留时间、蒸发面积和热能利用率。

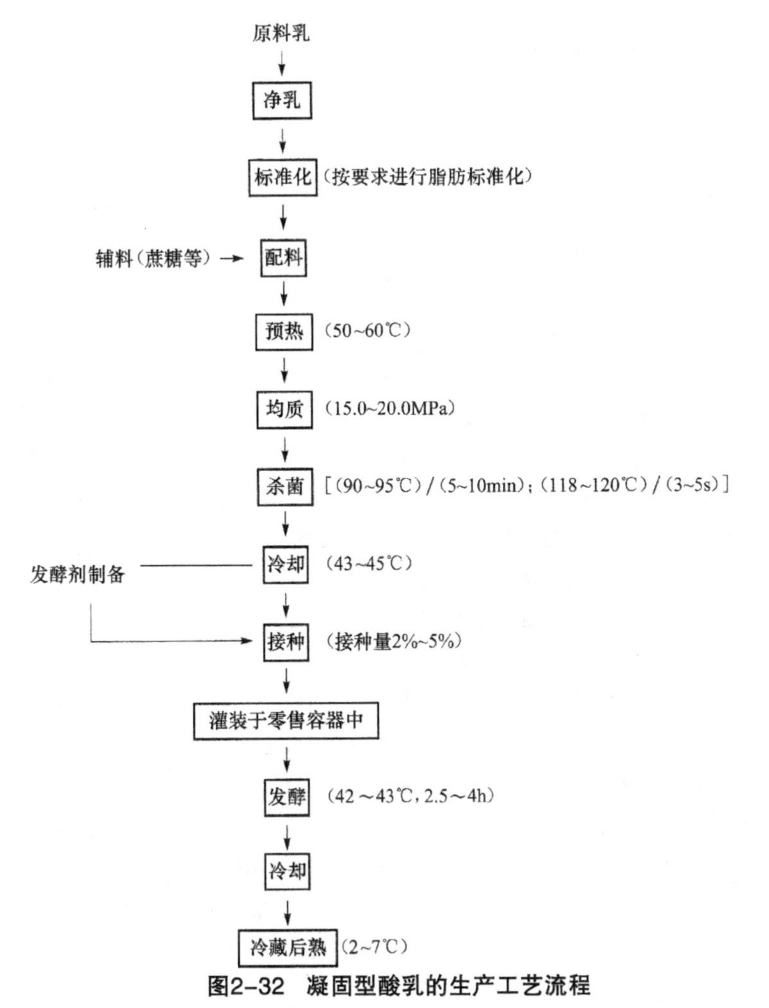

图2-32 凝固型酸乳的生产工艺流程

第二种是反渗透浓缩：利用一种允许溶剂而不允许溶质透过的半透膜将溶液与溶剂隔开，那么溶剂就会透过半透膜而渗入溶液中，这种现象叫渗透；若在溶液上加压，可驱使一部分溶剂分子从溶液一方渗透到溶剂一方，这种现象叫反渗透。

当溶液上的压力达到一定值时，单位时间内反渗透回去的溶剂分子的数目恰好等于单位时间内从溶剂一方向溶液一方渗透的溶剂分子数目，这一压力值称为该溶液的渗透压。反渗透浓缩就是利用上述原理，对液体施加大于其渗透压的压力，以达到除去部分溶剂、浓缩液体的目的。

第三种是超滤浓缩：当过滤介质是半透膜，其微孔足以截留溶液中大溶质分子时，这一操作过程就是超滤，所用的半透膜称为超滤膜。超滤原理和反渗透原理类似，两者都是加压作用的半透膜分离技术，只是超滤法中所用压力小于1MPa，反渗透压力一般在2.7～10MPa。另外，在超滤法中使用的半透膜仅截留溶液中相对分子质量较大的溶质，即相对分子质量>1000的分子；而反渗透中仅是相对分子质量很小的溶质（相对分子质量<500）通过半透膜。

利用超滤法浓缩原料乳时，一部分乳糖、矿物质盐类与水一起进入到滤液中，这样原料乳的化学组成比例就与初始原料乳不同，从而影响最终乳制品的风味、营养价值和质量。

影响超滤法效率的主要因素是压力、温度、超滤膜的孔隙率与面积。

3）复原乳。复原乳是指以脱脂乳粉、全脂乳粉、无水奶油为原料，根据所需原料乳的化学组成，用水配制而成的标准原料乳。

利用这种复原乳生产的酸乳产品质量稳定，但常带有一定程度的“乳粉味”。该方法所需控制条件和直接加混原料组成标准化法相似，尤其应严格控制原料质量、混料时间、水合温度和复原乳粉储存时间。

原料乳标准化方法与成品酸乳的口感、风味和质地密切相关，标准化工艺方法不同，用所得原料乳制成的酸乳质量也会有所不同。选择标准化工艺方法时，应主要考虑以下因素：

①原料价格和可用性：了解已存原料的化学组成有助于在原料和价格之间做出更好的折中考虑，各种可用原料化学组成见表2-3。

②生产规模。

③该工艺设备所需投资额。

表2-3　酸乳生产中所用原料的化学组成

产品	成分含量/%				
	水分	蛋白质	脂肪	乳糖	灰分
全脂乳	87.4	3.5	3.5	4.8	0.7
脱脂乳	90.5	3.6	0.1	5.1	0.7
乳清（契达干酪）	93.5	0.8	0.4	4.9	0.56
稠奶油	74.5	2.8	18.0	4.1	0.6
稀奶油	47.2	1.8	48.0	2.6	0.4
全脂淡乳粉	2.0	26.4	27.5	28.2	5.9
脱脂乳粉	3.0	35.9	0.9	52.2	8.0

续表

产品	成分含量/%				
	水分	蛋白质	脂肪	乳糖	灰分
脱盐乳清粉	3.0	14.5	1.0	80.5	1.0
低乳糖乳清粉	4.0	32.0	2.0	53.0	8.0
蛋白乳清粉	5.0	61.0	5.0	22.0	7.0
酪蛋白酸钠	5.0	89.0	1.2	0.3	4.5
酪蛋白酸钙	5.0	88.6	1.2	0.2	5.0
酸法酪蛋白	9.0	88.0	1.3	0.2	1.5
酪乳粉	3.0	34.0	5.0	48.0	7.9
奶油粉	0.8	13.4	65.0	18.0	2.9
无水奶油	0.1	—	99.9	—	—
浓缩全脂乳	73.8	7.0	7.9	9.7	1.6
浓缩脱脂乳	73.0	10.0	0.3	14.7	2.3

一般认为，用直接加混原料组成和蒸发浓缩来进行原料乳标准化是对这三种因素的最佳考虑。

（3）配料。通常国内生产酸乳的时候，会在加工过程中加入4%左右的糖。

（4）预热、均质、杀菌、冷却。具体内容为：①预热。物料在进入杀菌设备之前需要预热到55～65℃。②均质。均质的处理对象是脂肪球，将其机械处理为较小的脂肪球，然后将其分散到乳中。一般来说，一级均质适用于低脂肪产品和高黏度产品的生产，二级均质适用于高脂肪、高干物质产品和低黏度产品的生产。物料通过均质机在15.0～20.0MPa压力下均质，均质后回到杀菌器中。③杀菌。杀菌的目的是将物料中的致病菌和有害微生物杀死，确保食品安全；创造一个卫生的外部环境，让发酵剂进行发酵；增强乳蛋白的水合力。杀菌条件见表2-4，通常选用90～95℃，3～6min。④冷却。预热阶段将温度升高，冷却阶段需要将温度降至45℃左右。

表2-4 液态乳与酸乳基料加工中的热处理工艺

时间	温度/℃	加工过程	说明
30min	65	巴氏杀菌低温长时间	大约破坏99%的微生物生长细胞
15s	72	高温短时间（HTST）	
30min[a]	85	高温长时间（HTLT）	杀死所有微生物细胞及部分芽孢
5min[a]	90～95	很高温短时间（VHTST）	
20min（+）[b]	110~115	常规灭菌	同上，但有可能杀死几乎所有的芽孢
3s[a]	115	低温UHT	除低温UHT处理外其他过程几乎杀死所有包括芽孢在内的微生物
16s[a]	135	长时间UHT	同低温UHT
1～2s	140	UHT	同低温UHT
0.8s	150	法国加工方法的UHT	同低温UHT

注：a. 广泛用于酸乳生产的热处理过程中；b.（+）较长保温时间。

（5）冷藏和后熟冷藏作用除了达到上述冷却目的外，还有促进香味物质产生、改善酸乳硬度的作用。冷藏温度一般控制在2～5℃，最好是在-1～0℃的冷藏室中保存。长时间储藏温度可控制在-1.2～0.8℃。香味物质产生的高峰期一般是在酸乳终止发酵后第4小时，而有人研究的结果时间更长，酸乳优良的风味是多种风味物质相互平衡的结果，一般需要12～24h才能完成，这段时间就是后熟期。

（二）搅拌型酸乳的加工技术

搅拌型酸乳的工艺流程如图2-33所示。

1. 发酵

搅拌型乳酸在发酵的时候需要在专门的发酵罐中进行。发酵罐自身带有保温装置、温度计和pH值计。发酵温度为41～43℃。经过2～3h，pH值降至4.7左右。乳在发酵罐中形成凝乳。

如果在发酵过程中出现温度过高或者过低的情况，那么罐壁附近的物料温度就会上升或者下降，影响乳酸发酵的效果。

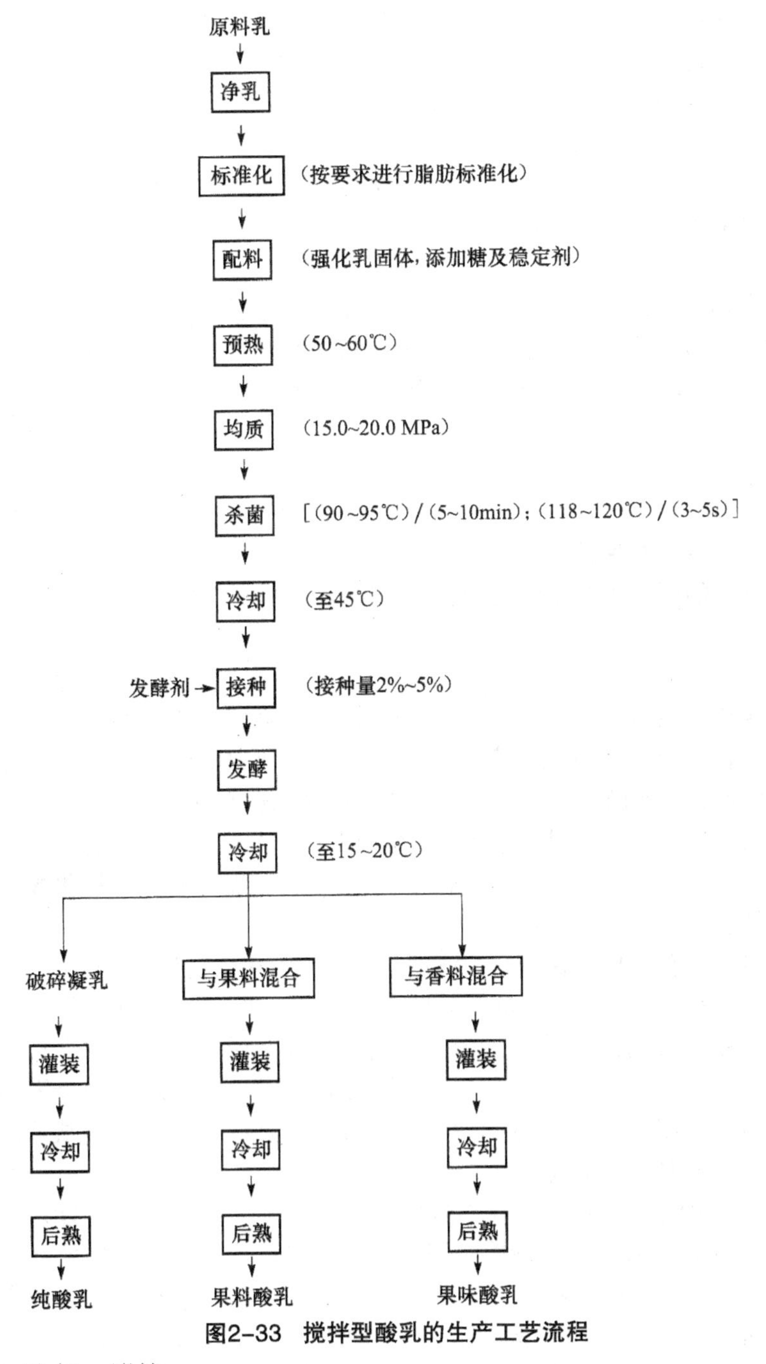

图2-33　搅拌型酸乳的生产工艺流程

2. 冷却、搅拌

乳酸发酵终止的方法是同时降温与搅拌。搅拌型酸乳冷却的方法有两种：一是间歇冷却；二是连续冷却。这两种方法使用的设备有所不同，前者使用夹套冷却器，后者使用管式或板式冷却器。在实际生产过程中，需要根据需求来确定冷却温度的高低。

3. 果料混合和香料混合

一般采用间歇生产法和连续混料法将乳酸与果料或香料进行混合，小企业一般采用前者，大企业一般采用后者。

4. 灌装

混合均匀的酸乳和果料，直接流入灌装机进行灌装。搅拌型酸乳通常采用塑杯装或屋顶形纸盒包装。包装材料必须对人体无害，具有稳定的化学性质、良好的密封性以及对产品有效的保护性能。

二、肉制品发酵

（一）原料及辅料

肉制品的原料主要是各种肉，包括猪肉、牛肉等。

1. 原料

发酵肉制品的原料选择对成品影响极为重要，首先应选用健康无病的猪肉、牛肉或其他畜禽肉，无微生物和化学污染，且修去筋、腱、血块和腺体的鲜肉。其瘦肉含量一般为50%～70%，肥肉则要求其脂肪熔点高，即脂肪中不饱和脂肪酸的含量低，以提高成品的保水性、发色度和保质性。原料肉污染大量杂菌，则产生或分解蛋白质使产品产生异味，并使其质地松散。原料肉特别是冻肉，如处理不当，在干燥阶段很容易发生氧化酸败。

2. 辅料

辅料主要有食盐、香辛料、亚硝酸盐、碳水化合物等。

（1）食盐。食盐的含量会影响产品的结着性、风味及保质期，同时能抑制杂菌生长而使乳酸菌成为优势菌。一般来说，发酵香肠食盐用量为2.0%～3.5%。虽然起发酵作用的乳酸菌是耐盐菌，但含盐量高会影响乳酸菌的功能。2%食盐水平是达到理想结着力的最低要求，3%的食盐浓度对发酵速度影响不大，但超过3%就会延长发酵时间。

（2）碳水化合物。各种糖类如葡萄糖、蔗糖、玉米糖浆等能影响成品的风味、组织结构和产品特性，同时也为乳酸菌提供了必需的发酵基质。糖的数量和类型直接影响产品的最终pH值，单糖如葡萄糖易被各种乳酸菌利用。研究表明，1%可发酵碳水化合物可使pH值降低1个单位。当初始pH值为6.0时，应添加1%的葡萄糖使pH值降低到足够水平。通常建议香肠馅中至少含有0.75%的葡萄糖。

玉米糖浆、糊精、面粉和淀粉等几类复杂的碳水化合物，根据其使用种类、数量及培养基的特性，也能被不同程度地发酵利用。这些碳水化合物发酵较慢，在有单糖存在时则不被利用。但有些干香肠在较长干燥期间能产生独特风味，如玉米糖浆所产酸度取决于起始有无单糖、葡萄糖和麦芽糖及其数量。老是添加的碳水化合物过多（超过20%），那么与之结合的水亦过多，则发酵速度会变慢。

（3）香辛料。某些天然香辛料通过刺激细菌产酸而直接影响发酵速度，这种刺激作用一般不伴有细菌的增加。黑胡椒、白胡椒、芥末、大蒜粉、香辣粉、肉豆蔻、肉豆蔻种衣、姜、肉桂、红辣椒等都能在一定程度上刺激细菌产酸。一般对乳杆菌的刺激作用比片球菌强，几种香辛料混合使用的发酵时间比用单种香辛料的发酵时间短，刺激程度取决于香辛料的类型和来源。近年来确认，锰是香辛料促进产酸的因素，香辛料提取物的刺激活性随锰浓度的增加而增加。无香辛料的发酵香肠添加了锰，其产酸活性与添加了香辛料的香肠相似。香肠中添加天然香辛料或锰，不仅增加了产酸速度，而且降低了产品的最终pH值。适当加入胡椒、大蒜、辣椒、肉豆蔻和小豆蔻等香辛料极有利于改善发酵肉制品的风味。

（4）亚硝酸盐或硝酸盐、抗坏血酸钠。亚硝酸盐可直接加入，其对形成发酵香肠最终的颜色及推迟脂肪氧化都非常重要，NO_2^-还能够抑制大多数革兰阴性细菌的生长，对抑制肉毒梭状芽孢杆菌的生长尤为重要，还有利于形成腌制肉特有的香味。添加量一般小于150mg/kg。在生产发酵香肠的传统工艺或生产干发酵香肠过程中，一般加入硝酸盐的量为200～300mg/kg，甚至更大。含亚硝酸钠的香肠比不含亚硝酸钠的香肠发酵慢，而发酵程度的差别主要取决于特异的发酵菌株。抗坏血酸钠为发色助剂，起还原剂的作用，能将NO_3^-还原为NO_2^-，再将后者还原为NO，或者将原料肉中的高铁肌红蛋白与氧合肌红蛋白还原为肌红蛋白，使其成品能更好地发色。另外，液体熏制剂和抗氧化剂降低了发酵速度。磷酸盐根据其类型和数量起缓冲作用，增加了初始pH值并延缓了pH值降低的速度。

（二）加工工艺

下面对工艺流程及操作要点进行介绍。

1. 工艺流程

发酵肉制品的品种很多，其加工方法也各有不同，但其原理和加工工艺基本相同。发酵肉制品的一般加工工艺：原料肉预处理→绞肉→调味→灌装→发酵→干燥→烟熏。

2. 操作要点

（1）原料肉处理。将新鲜的原料肉冷却至−4.4～2.2℃，将冷冻肉解冻至-3～1℃，用绞肉机绞碎，牛肉一般用3.2mm的筛板，脂肪和猪肉用9～25mm的筛板。

（2）拌料。根据不同产品的具体要求，按配方将瘦肉、脂肪及其他调味料、香辛料、添加剂等放入搅拌机中搅拌均匀。

（3）腌制。将肉馅放在腌制盘内一层层压紧，一般厚度为1.5～20cm，在4～10℃下腌制48～72h。在腌制期间，由片球菌和葡萄球菌为主的硝酸盐还原菌将硝酸盐转化为亚硝酸盐，最后产生典型的腌制红色和风味。肠馅温度达到-2.2～1.1℃时，填入肠衣内，可以避免粘连充填机。如加工黎巴嫩大香肠，牛肉在4.4℃下腌制10d，绞碎后与糖、食盐、硝酸盐一起拌匀，再填入肠衣内，在发酵期间浓烟熏制4～8d，可使香肠具有一定风味。

（4）发酵。充填后，将干香肠和半干香肠吊挂在储藏间或成熟间内开始发酵。传统发酵温度为15.6～23.9℃，相对湿度为80%～90%。初始湿度是由温度上升时从冷肉中释放的水分形成。发酵温度和湿度影响发酵速度，也影响产品的最终pH值。温度决定了微生物的代谢活性。发酵剂中乳杆菌和片球菌的最适生长温度分别是32℃和37℃，当偏离最适生长温度时发酵速度减慢。在许多情况下，较低温度下的缓慢发酵可以较好地控制产品最终pH值、风味、颜色及其他特性。在现代加工中，发酵和烟熏同时在空调室内进行，温度21.1～37.8℃，相对湿度80%～90%，发酵时间取决于初始产品温度、发酵温度、湿度、房间内负荷、空气流速及季节。与传统工艺相比较，现代生产工艺发酵时间短，一般为12～24h，pH值降低至4.8～4.9时已发酵充分。湿度大时发酵快。干香肠在静止空气中比在快循环空气条件下发酵快。

肠衣直径也影响发酵时间和最终pH值，大直径香肠一般比小直径香肠的pH值低。干香肠的pH值主要是由氨、乳酸浓度以及蛋白质的缓冲能力来决定。水分含量和pH值之间显著相关，这可能与乳酸解离度较小有关。

发酵的稳定性取决于配料和加工的一致性。食盐、腌制液、糖、香辛料和发酵剂的不均匀分布，可能导致香肠间发酵速度及pH值的差异。

（5）熏制。大多数半干香肠加工时也进行熏制。典型的香肠熏制温度为32.2～43℃。在现代加工工艺中，将发酵和熏制液添加到配料中，这样可以避免自然熏制带来的问题。

（6）加热干燥。发酵后，干香肠和半干香肠经煮熟、半煮熟或直接放在干燥室内干燥，温度增加的速度因特定的细菌生长特性、pH值、碳水化合物水平和热渗透性而异。传统上，干香肠不需加热，即从发酵室直接移至干燥室内进行干燥。干燥室内温度为10.0～21.1℃，相对湿度为

65%～75%。发酵香肠水分的控制取决于肉粒大小、肠衣直径、干空气流速、湿度、pH值和蛋白质的溶解度。肉粒大小、pH值和可溶性蛋白质的量决定了特制香肠的保水程度。这些参数的相互作用决定了干燥过程中水分损失的速度和程度。

为了获得稳定的温度、湿度和相对小的空气流速，需要专门的干燥室。但干燥室的使用也有许多问题，如同一室内也可能有不同的温度；有些产品产生“硬壳”（因为干燥速度太快），而另一些产品长霉（因为湿度太大）。如果水分损失过快，香肠表面阻塞，外壳变硬，内部水分释放不出。香肠水分活性降低，影响其稳定性。如果干燥时间延长，水分释放不均匀，则表面肠衣鼓起，产生缺陷。为了进行有效的干燥，香肠外部和内部的水分损失必须保持同一速度。为使内部水分逸出，肉组织的表面气孔必须开放，干燥速度过快会阻住气孔。

香肠表面生长霉菌是常见现象，而且干香肠加工中常常希望如此。通过相对湿度和温度的控制一般能调节霉菌的生长。较高的干燥温度可加速霉菌的增殖。许多类型的意大利和匈牙利萨拉米香肠制品，如有白色和蓝色霉菌生长，则对香肠的风味和外观有好处。干燥的一般条件是温度8.3～21.1℃，相对湿度75%～80%。湿度较高时，因为有不良的霉菌和孢子形成（如黑色的孢子产生），香肠的表面颜色很差；蛋白质的水解也损坏了肠衣并破坏了香肠的完整性。

为得到理想的产品特性，必须控制水分的蒸发速度。香肠表面的水分损失速度应等于内部水分迁移到表面的速度。空气流速和相对湿度的控制决定着水分损失的速度。中等直径的香肠在储存室内应每天干耗1.0%～1.5%。在腌制间或储藏间空气的流速一般保持在0.5～0.8m/s，而在干燥室内采用较低的空气流速（0.05～0.1m/s）。干燥室内每天的干耗不应超过0.7%。欧洲香肠厂家采用较低温度发酵，在移入干燥室之前一般建议干耗为10%～12%，他们还发现干燥室内水分活性和相对湿度之间有3～5点差异时，可得到均匀的蒸发速度。因此，当香肠干燥时，储藏室或干燥室内的相对湿度必须降低。

第三章
食品发酵的微生物学原理基础研究

微生物体内存在着相互联系、相互制约的代谢过程，微生物的生长是细胞内所有反应的总和。不难想象，如果这些反应杂乱无章，微生物就无法生存和生长，因此这里存在代谢过程的调节控制。微生物体内的一系列生化反应都是由酶催化进行的，微生物具有极精细的代谢控制系统以确保功能协调，在瞬间需要时每一种恰当酶即可形成。这些酶既受有关基因的表达控制，又受到某些营养因素的活化和调控。微生物有稳定的基因型，培养基成分尽管不能改变基因型，但能影响其基因型的表达。

第一节　食品发酵微生物生化机理研究

一、微生物的生长

微生物在适宜的环境条件下会有两种现象产生，一种是同化作用，另一种是异化作用。微生物的同化作用是微生物新陈代谢中一个重要的过程，其将消化后的营养重新组合，形成有机物和贮存能量，包括自养型和异养型两类。微生物的异化作用是降解营养物质的过程，这种营养物质来自于周围环境和微生物自身贮存的能量。如果在适宜的环境下，微生物的同化作用大于异化作用，细胞将会不断增加，细胞体积和质量不断增大，这就是微生物的生长。

当细胞生长到一定程度时，将会分裂为两个极其相似的细胞。如果是单细胞微生物，将会是细胞的繁殖，如图3-1所示。对于多细胞微生物来讲，在细胞体积增大的同时，也会有细胞数目的增加，这叫作生长。微生物生长到一定程度后，将会繁殖，这种过程是量变到质变的过程，统称为微生物的发育。

个体生长 → 个体繁殖 → 群体生长

群体生长 = 个体生长 + 个体繁殖

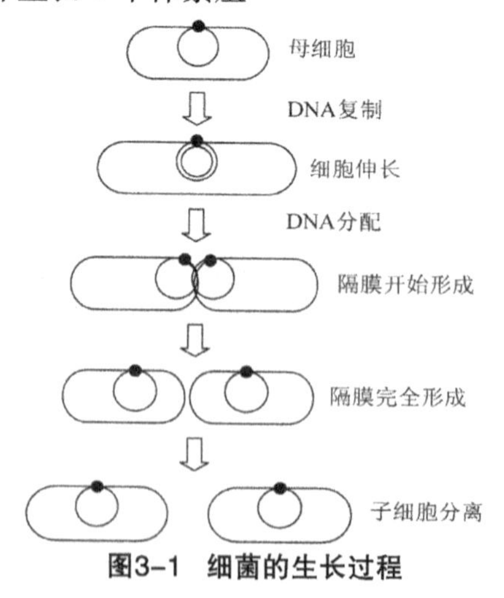

图3-1　细菌的生长过程

细菌从生长到繁殖的过程中，所受的环境（内、外环境）因素具有很重要的作用，当微生物处于适宜的环境下，发育会正常，繁殖速度将会加快；如果适宜的环境被改变，微生物将会减慢生长速度和繁殖速度，有些微生物对外部环境极其敏感，甚至将会死亡。所以，在发酵工艺中，要提供适宜微生物生长、繁殖的外部环境，这样将会有利于微生物的生长、繁殖及发酵。但是在食品加工的环节中，将会研究灭菌或者抑制细菌生长的方法，以保证食品的卫生与安全，可以延长食品的货架期。

在自然界中，微生物一般是多种菌种混杂生长的。例如，一小块土壤和一滴水中生长着许多细菌和其他微生物，要想研究某一种微生物，必须把混杂的微生物类群分离开，以得到只含有一种微生物的培养物。微生物学中将从一个细胞得到后代微生物的培养称为微生物的纯培养，只含有一种微生物的培养物称为纯培养物。微生物的纯培养可以按以下方法进行。

1. 稀释倒平板法

先将快要分离的材料用无菌水稀释，然后取不同稀释度的稀释液少许，分别与已熔化并冷却至50℃左右的琼脂培养基混合，摇匀后，倾入已灭菌的培养皿中，待琼脂凝固后，制成可能含菌的琼脂平板，在适合微生物生长的温度下培养一段时间，如果稀释恰当，将会在平板或者琼脂培养基中看到分散的单个菌落，这个菌落可能是由一个细胞繁殖而成的。随后，调取该细胞菌落，按照以上步骤继续在培养基中培养。

2. 涂布平板法

在稀释倒平板法中，由于含菌材料与较高温度的培养基混合中易致某些热敏感菌死亡，一些严格好氧菌也因被琼脂覆盖而缺氧，进而影响生长。此时，可采用涂布平板法。先制成无菌培养基平板，待凝固后，将一定量的稀释度含菌样品悬液滴加在平板表面，然后再用无菌玻璃棒涂抹均匀，在不同设定条件下培养后，调取单个菌落进行纯培养，如图3-2所示。本法较适于好氧菌的分离与计数，这种分离纯化方法通常需要重复进行多次操作才能获得纯培养。

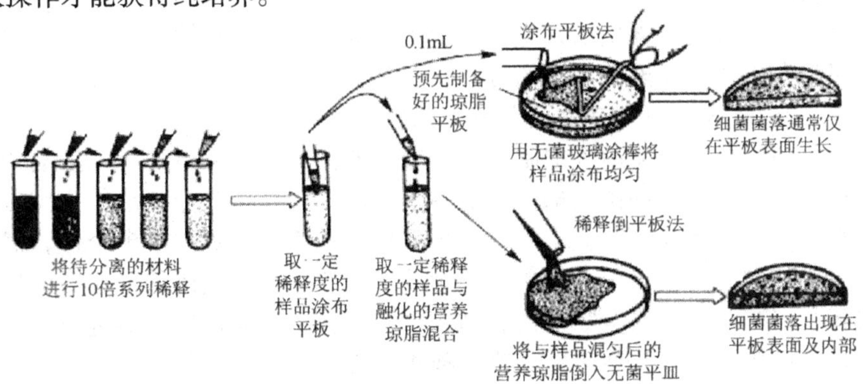

图3-2　涂布平板法

3. 平板划线分离法

将熔化的琼脂培养基倾入无菌平皿中，冷凝后，用接种环沾取少量分离材料，如图3–3所示，在培养基表面连续划线，经培养即长出菌落。随着接种环在培养基上移动，可使微生物逐步分散，如果划线适宜的话，最后划线处常可形成单个孤立的菌落。这种单个孤立的菌落可能是由单个细胞形成的，因而为纯培养物。

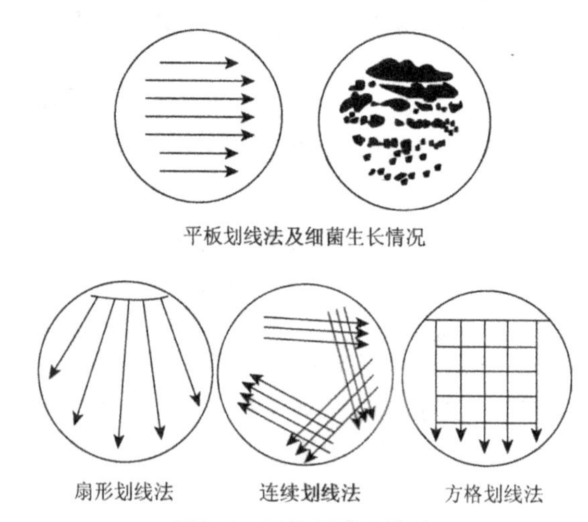

图3–3　平板划线分离法

4. 稀释摇管法

在微生物分类中，有好氧微生物和厌氧微生物，厌氧微生物对氧气极其敏感，在培养的过程中需要使用稀释摇管法，它是稀释倒平板法的另外一种形式。

5. 单细胞的分离法

稀释摇管法有个很关键的缺点是不适用于分离混杂的微生物群体。在自然界中有很多种微生物，它们的种类不同，生长的环境不同，而且大多都是混杂群体，一般采用显微分离法会从群体中直接分离出单细胞或个体进行纯培养，这种方法就是单细胞分离法。

单细胞分离法适用于细胞或个体较大的微生物，如藻类、原生动物、真菌（孢子）等，细菌纯培养一般用单细胞（单孢子）分离法较为困难。根据微生物个体或细胞大小差异，可采用毛细管大量提取单个个体，然后清洗并转移到灭菌培养基上进行连续的纯培养；可以使用低倍显微镜进行操作，对于单细胞微生物来讲，体积小，需要借助显微镜才能进行分离。单细胞分离法对操作技术有较高的要求，在高度专业化的科学研究中采用较多。

6. 利用选择培养基分离法

不同的细菌需要不同的营养物；有些细菌的生长适于酸性，有些则适于碱性；不同细菌对于化学试剂如消毒剂、染料、抗生素及其他物质具有不同的抵抗力。因此，可以把培养基配制成适合某种细菌生长而限制其他细菌生长的形式。这样的选择培养基可用来分离纯种微生物，也可以将待分离的样品先进行适当处理以排除不希望分离到的微生物。

经上述方法获得的纯培养可作为保藏菌种，用于各种微生物的研究和应用。通常所说的微生物的培养就是采用纯培养进行的。为了保证所培养的微生物是纯培养，在微生物培养过程中防止其他微生物的混入是很重要的，若其他微生物混入了纯培养中则称为污染。

二、微生物生长环境因素与其三大代谢体系

在不同环境条件下，微生物以微小的单细胞状态生存增殖，这说明细胞具有适应环境而调节代谢活性的能力。典型的酱油酵母，既能在没有食盐的情况下增殖，又能在18%左右的浓盐情况下增殖，尽管生长速度有差异，但其形状变化不大，原因在于细胞随着环境的变化而很好地保持了维持生命所必需的基本代谢活性。微生物对环境具有广适性，在一定的环境变化范围内，微生物能相应地改变其代谢活性，维持基本代谢体系。

代谢体系可分为以生成5'–磷酸核糖、α–酮戊二酸、丙酮酸及获得能量为目的的碳源分解体系，以生成1–磷酸葡萄糖、氨基酸、核苷酸等小分子化合物为目的的代谢体系（素材性生物合成体系），以及以生成蛋白质、核酸、多糖体、类脂等高分子细胞结构物质为目的的大分子生物合成体系（结构生物合成体系），其相互间的联系或紧密、或松弛，如图3–4所示。细胞必须将这三种代谢体系相互联系起来才能适应外界环境，维持其生命。

分解体系的目标是ATP的生成，而小分子物质代谢体系受到分解体系代谢所生成的物质的种类和总量的强烈影响，两者联系紧密。与之相反，大分子物质生物合成体系与分解体系几乎仅以ATP相联系，两者之间的联系颇为松弛。分解体系和小分子物质代谢体系可实现各种代谢产物的大量积累，当这些代谢产物只在细胞内积累而不分泌时，很有可能存在反馈阻遏作用，甚至会改变细胞内部环境而对整个代谢体系造成致命影响，故对微生物细胞来说，旺盛的分泌能力可起到解毒效果。分泌能力不仅对各代谢体系的有效运转具有重要作用，且有利于代谢产物的大量积累。

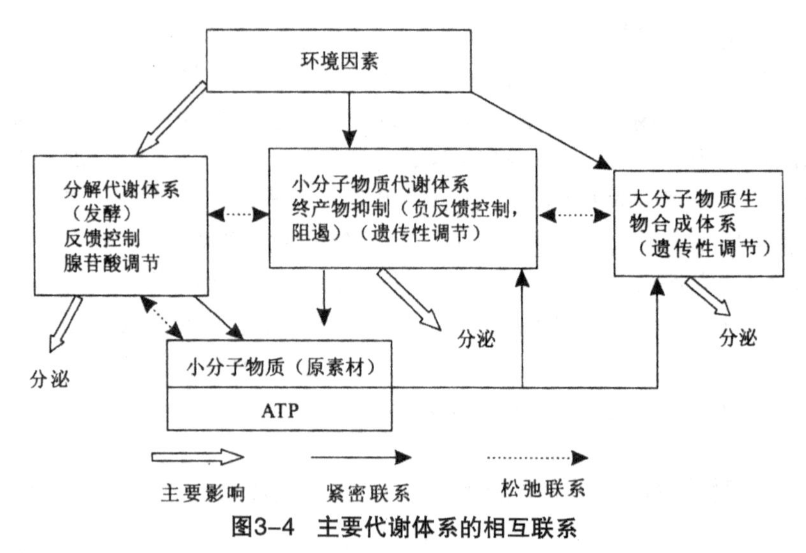

图3-4 主要代谢体系的相互联系

外界环境除影响膜透性外，还影响分解体系和其他生物合成体系。细胞内的代谢（如糖酵解途径、磷酸解酮酶途径、三羧酸循环及乙醛酸循环等分解代谢）容易受到外界环境的影响，同时细胞内具有控制分解代谢形式的调节机制，这种调节机制使微生物能较好地适应外界环境。微生物细胞对糖、蛋白质、脂肪、核酸大分子物质的生物分解与生物合成形成生命活动的有效循环。

食品的发酵实际就是微生物将自然界的糖、蛋白质、脂肪、核酸等物质作为营养物质和能源物质，在完成其生命活动过程中积累来自三大代谢体系的各种代谢产物，完成微生物对原料的生物转化，形成风味各异的发酵食品。

三、食物大分子物质的降解

食品发酵的原料多为糖、蛋白质、脂类等，原料被微生物转化的过程，实际就是微生物将多糖、脂肪、蛋白质、纤维素等大分子物质降解的过程，同时也是醇类、有机酸、氨基酸等小分子物质形成的过程，以及后期对前两个阶段微生物转化产物进行生物与非生物的再平衡过程，如图3-5所示。

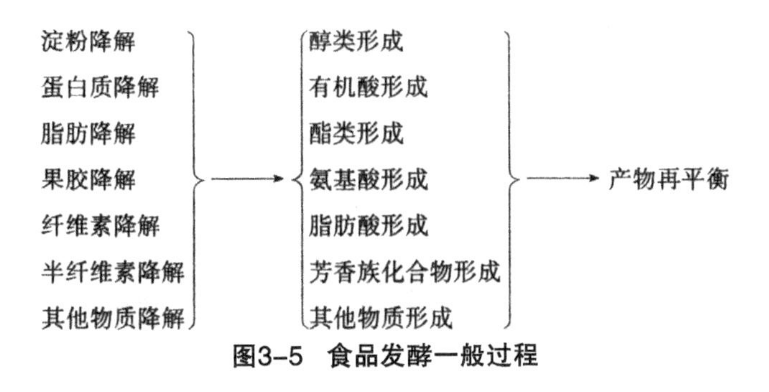

图3-5　食品发酵一般过程

四、微生物的中间代谢

分解代谢为生物合成代谢提供大量的能量（ATP）及还原力[H]，同时产生连接两个代谢体系的中间代谢产物。分解代谢保证了正常合成代谢的进行，而合成代谢又反过来为分解代谢创造了更好的条件，两者相互联系，促进了生物个体的生长、繁殖和代谢产物的积累。分解代谢和合成代谢的相互关系如图3-6所示。

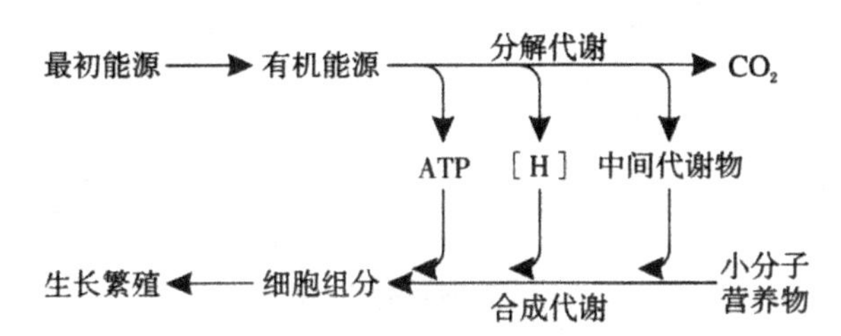

图3-6　分解代谢和合成代谢的相互关系

联系分解代谢和合成代谢的中间代谢物主要有12种，具体见表3-1，如果在生物体中只进行能量代谢，则有机能源的最终产物是ATP、H_2O和CO_2，这时便没有任何中间代谢物积累，因此，合成代谢不能正常进行。相反，如果要进行正常的合成代谢，需利用大量分解代谢正常进行所必需的中间代谢物，这会影响分解代谢的正常运转，从而影响其新陈代谢的正常循环运转，因此中间代谢物需通过兼用代谢途径和代谢物回补两种方式，如图3-7所示，得到及时补充，使分解代谢体系及生物合成代谢体系产生有效联系。

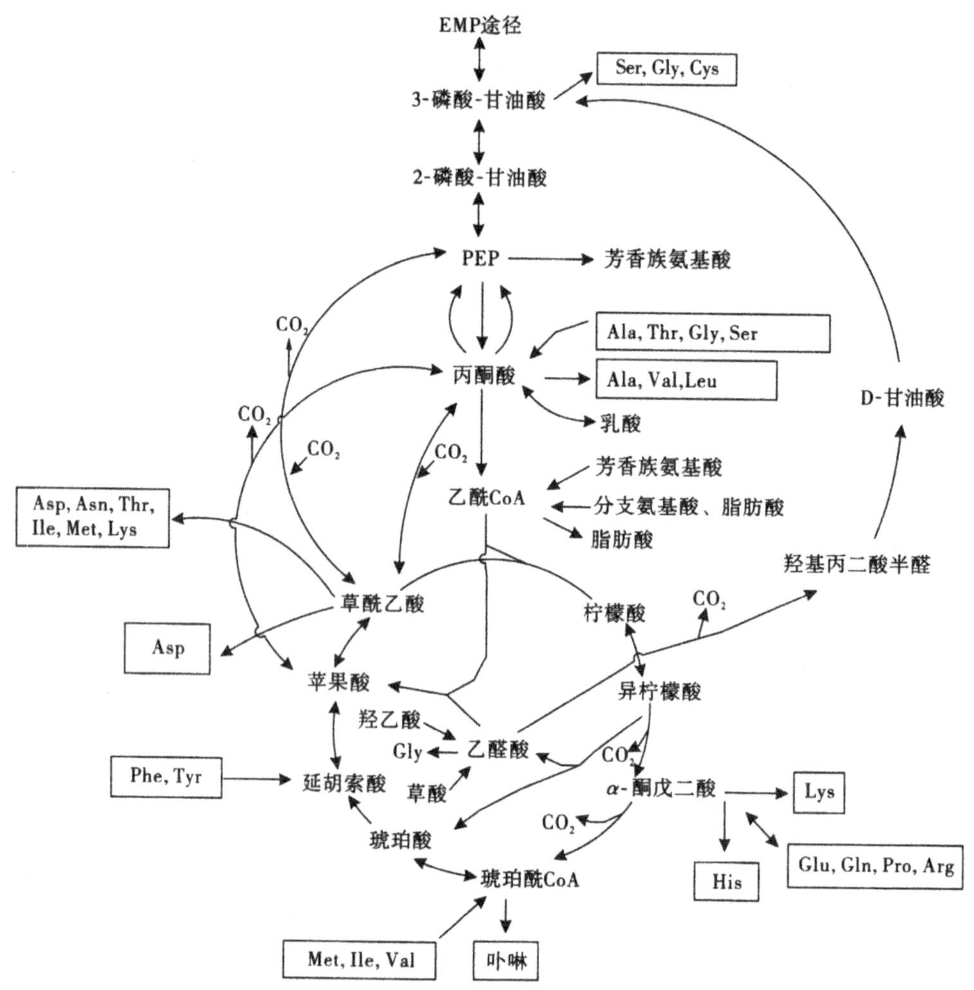

图3-7　以三羧酸循环为中心的各种中间代谢物回补途径

表3-1　联系分解代谢和合成代谢的中间代谢物

中间代谢物	分解代谢起源	在生物合成中的作用
葡萄糖-1-磷酸	葡萄糖、半乳糖、多糖	产生核苷糖类
葡萄糖-6-磷酸	EMP途径	产生戊糖、多糖贮藏物
核糖-5-磷酸	HMP途径	产生核苷酸、脱氧核糖核苷酸
赤藓糖-4-磷酸	HMP途径	产生芳香族氨基酸

续表

中间代谢物	分解代谢起源	在生物合成中的作用
磷酸烯醇式丙酮酸	EMP途径	产生磷酸转移酶系（糖的运送）、芳香族氨基酸、糖异生作用、糖回补反应（CO_2固定）、胞壁酸合成
丙酮酸	EMP途径、磷酸酮醇酶（戊糖发酵）	产生丙氨酸、缬氨酸、亮氨酸、糖回补反应（CO_2固定）
3-磷酸甘油酸	EMP途径	产生丝氨酸、甘氨酸、半胱氨酸
α-酮戊二酸	TCA循环	产生谷氨酸、脯氨酸、精氨酸、赖氨酸
草酰乙酸	TCA回补反应	产生天冬氨酸、赖氨酸、甲硫氨酸、苏氨酸、异亮氨酸
琥珀酰CoA	TCA循环	产生氨基酸（亮氨酸、蛋氨酸、缬氨酸）、卟啉
磷酸二羟丙酮	EMP途径	产生甘油（脂肪）
乙酰CoA	丙酮酸脱羧、脂肪酸氧化、嘧啶分解	产生脂肪酸、类异戊二烯、甾醇、赖氨酸、亮氨酸

微生物特有的乙醛酸循环（又称乙醛酸支路）是TCA循环的一条回补途径，其重要功能是丙酮酸和乙酸等化合物不断地合成四碳二羧酸，以保证微生物正常生物合成的需要；对某些以乙酸为唯一碳源的微生物来说，更有至关重要的作用。这条途径中关键酶为异柠檬酸裂合酶和苹果酸合酶。具有乙醛酸循环的微生物，普遍是好氧菌。

微生物的中间代谢不仅将同一类物质（如糖）的降解与再生有机联系起来，还将看似不相干的蛋白质、脂类、核酸等大分子物质也联系起来，完成各类物质的相互转化，如图3-8所示，极大地扩展了微生物的能源物质与营养，增强了其环境适应能力。一般情况下，微生物将自然界广泛存在的糖、脂类、蛋白质及核酸等物质作为最初的能源物质与营养物质，对这些物质进行分解，释放大量的能量及生成小分子物质（部分为中间代谢物质），后者被用于合成细胞所需的糖、脂类、蛋白质及核酸等。上述过程中，各类大分子物质的分解代谢、小分子物质（中间产物）的生成及大分子物质的再合成都伴有丰富的代谢产物分泌。人类利用微生物的这种性能以获取所需的目的代谢产物，便形成了发酵工业。

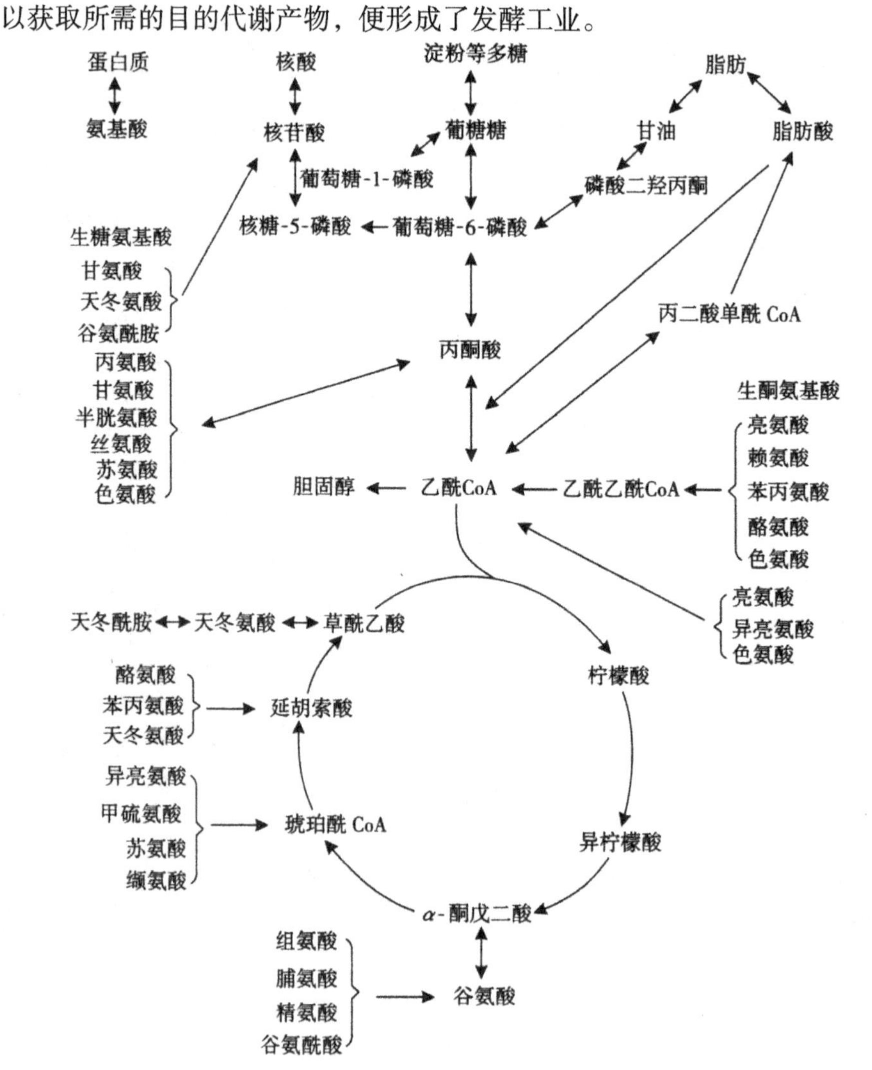

图3-8　糖、脂类、蛋白质及核酸代谢的相互关系

五、小分子有机物的形成

（一）氨基酸的生物合成

氨基酸是生物体合成蛋白质的原料，也是高等动物中许多重要生物分子，如激素、嘌呤、嘧啶、卟啉和某些维生素等的前体。微生物合成氨基酸的能力差异很大，如溶血链球菌可合成17种氨基酸，而大肠杆菌能合成全部氨基酸。许多细菌和真菌还能利用硝酸和亚硝酸合成氨基酸，固氮菌

能利用大气氮源合成氨及氨基酸。生物体合成氨基酸的主要途径有还原性氨基化作用、转氨基作用及氨基酸间的相互转化作用等。

不同氨基酸的生物合成途径虽各异，但都与机体的几个代谢环节有密切联系，如糖酵解途径、磷酸戊糖途径、三羧酸循环等。将这些代谢环节中与氨基酸生物合成有密切关联的物质看作氨基酸生物合成的起始物，可将氨基酸生物合成分为α–酮戊二酸衍生类型、草酰乙酸衍生类型、丙酮酸衍生类型和3–磷酸甘油酸衍生类型，如图3–9所示。

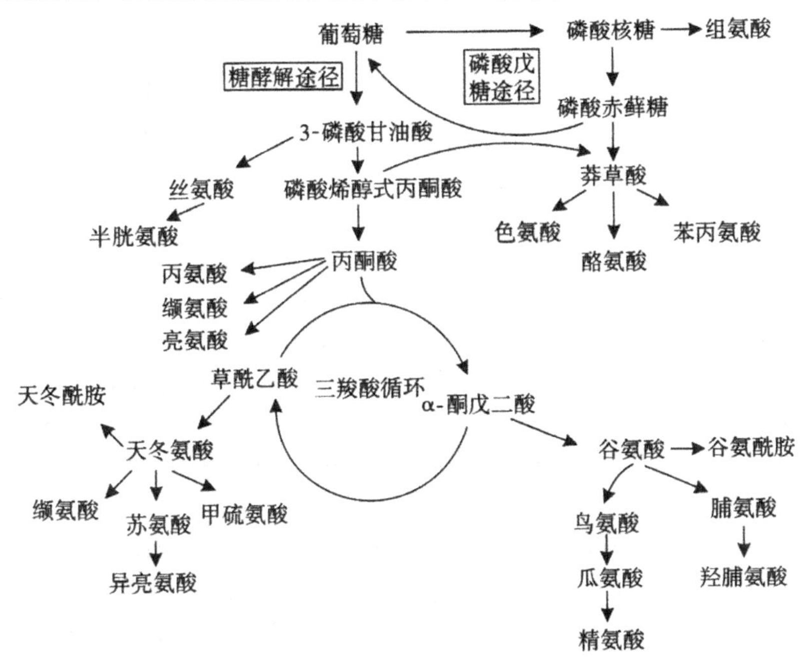

图3–9　各种氨基酸的合成途径及其相互关系

（二）脂肪酸的生物合成

脂肪酸是脂类物质中最基本的组成单位，生物体能利用糖类物质或简单碳源合成脂肪酸。脂肪酸的合成主要在细胞液中以从头合成的方式进行，也可以在线粒体和微粒体中以延长的方式进行，两者的机制不同。

脂肪酸从头合成在细胞液中进行，合成原料是乙酰CoA，乙酰CoA由线粒体中的丙酮酸氧化脱羧、氨基酸氧化降解、脂肪酸β–氧化生成。脂肪酸的合成是以其中1分子乙酰CoA作为引物，以其他乙酰CoA作为碳源供体，通过丙二酸单酰CoA的形式，在脂肪酸合成酶系的催化下，经缩合、还原、脱水、再还原反应步骤来完成的，如图3–10所示。

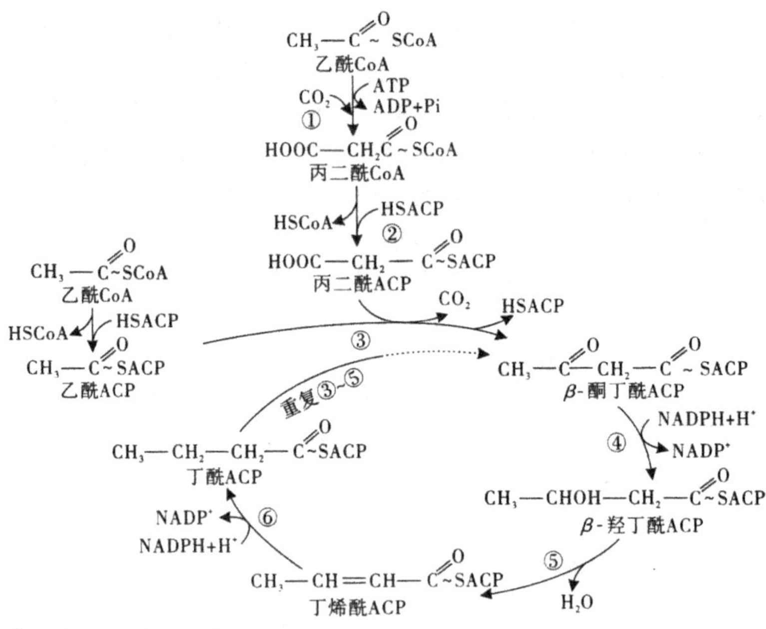

①乙酰 CoA 羧化酶；②丙二酰 CoA–ACP 转酰基酶；③ β－酮脂酰 ACP 合成酶；④ β－酮脂酰 ACP 还原酶；⑤ β－羟基酰 ACP 脱水酶；⑥烯脂酰 ACP 还原酶

图3–10 细胞液中脂肪酸的合成途径

从头合成途径只能合成碳链长度在C16以下的脂肪酸。碳链长度在C16以上的饱和脂肪酸，则是在延长系统的催化下，以软脂酸为基础，进一步延长碳链形成的。在线粒体中可以进行与脂肪酸β－氧化相似的逆向过程，使得一些脂肪酸碳链（C16）加长。在此过程中缩合酶先将脂酰CoA与乙酰CoA缩合形成β－酮脂酰CoA，再经还原型辅酶Ⅰ和还原型辅酶Ⅱ供氢还原产生比原来多2个碳原子的脂酰CoA，后者尚可通过类似过程重复多次加长碳链（延长至C24）。微生物脂类中的脂肪酸大多含16碳或18碳。

（三）嘌呤、嘧啶核苷酸的生物合成

核苷酸的生物合成途径有利用磷酸核糖、氨基酸、一碳单位、CO_2等小分子，如图3–11所示，为出发物质的从头合成途径，还有由嘌呤碱基伴随核糖基化及磷酸化而合成的补偿合成途径。核苷酸的生物合成途径是直接发酵生产核苷酸的基础。

嘌呤、嘧啶核苷酸从头合成过程中的产物是一磷酸核苷，它可以转化成二磷酸核苷或三磷酸核苷，一磷酸核苷是合成核酸的原料，三磷酸腺苷是能量的储存形式。嘌呤核苷酸的从头合成在胞液中进行，其过程可分为两个阶段：第一阶段合成次黄嘌呤核苷酸（IMP），第二阶段IMP转变成AMP和GMP，合成途径如图3–12所示。

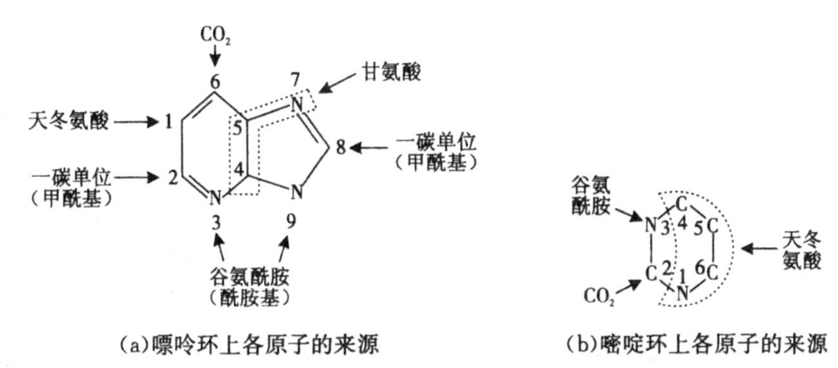

(a)嘌呤环上各原子的来源　　(b)嘧啶环上各原子的来源

图3-11　嘌呤环、嘧啶环上各原子的来源

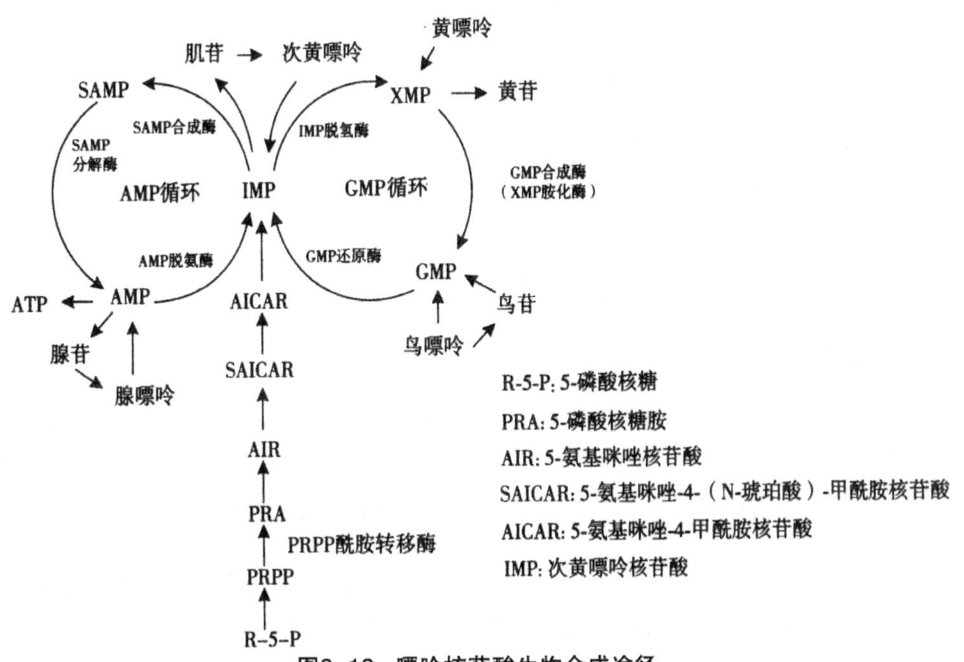

图3-12　嘌呤核苷酸生物合成途径

嘧啶核苷酸的从头合成途径与嘌呤核苷酸从头合成途径不同，嘧啶核苷酸的“从头合成”是先合成嘧啶环，再与5-磷酸核糖-1-焦磷酸（PRPP）中的磷酸核糖连接起来形成乳清酸核苷酸（OMP），之后生成尿嘧啶核苷酸（UMP），最后UMP转变成其他嘧啶核苷酸，如图3-13所示。

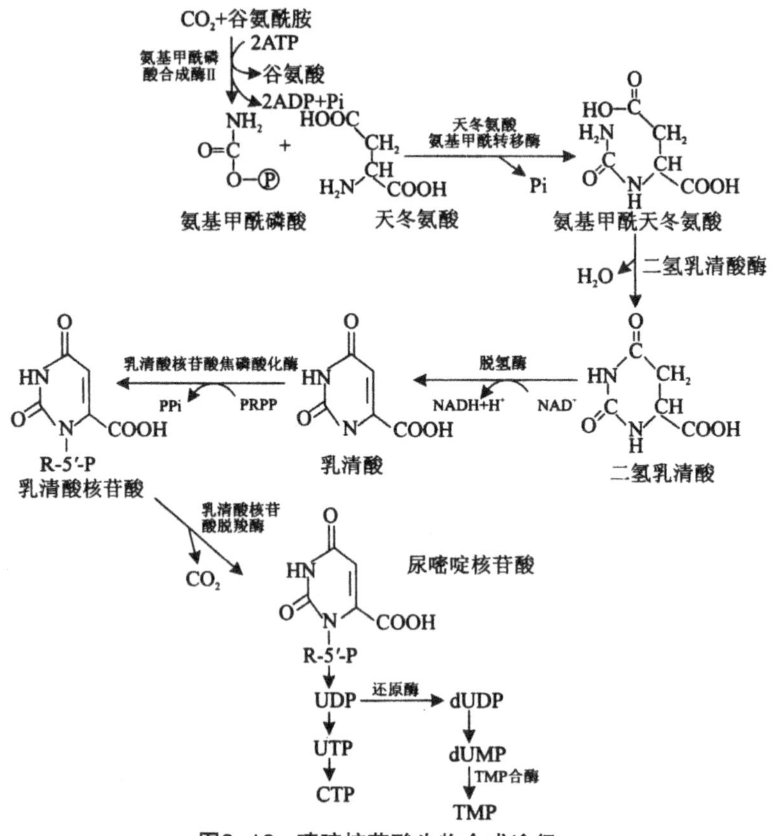

图3-13 嘧啶核苷酸生物合成途径

六、食品产物成分的再平衡及发酵食品风味的形成

对发酵食品而言，改变食品风味、香气乃至原有的组织状态是微生物作用的主要结果，微生物对食物原料中大分子物质的降解代谢及产物生成转化，完成了实际意义上的发酵过程。但对发酵食品来说，这并不意味着发酵过程的结束，大多数发酵食品还要经过后发酵阶段。后发酵阶段是原料原有物质与经微生物改变或产生的新物质，在短期或长期的贮藏条件下，经过一系列有机、无机、生物与非生物等错综复杂的反应，形成色、香、味俱全且风味独特的酿造食品。经过自然陈酿的平衡阶段有时也未必能达到预期风味效果，对发酵食品人为控制或勾兑，进行后修饰，也十分重要。

发酵食品最大的特点是风味的多样性与独特性。发酵食品的风格特征不仅取决于其色、香、味、体物质及其构成比例和组合方式，还取决于其文化底蕴。随着科学技术的发展，目前人们对构成发酵食品色、香、味、体的主要成分能够进行有效检测与分析，如对发酵乳品的风味组成、各种名优白酒的香气组成等都了解得比较透彻。但在实际生产中，如何控制原料品质、菌种性能及生产工艺，使这些风味物质能够与人体感官感觉达到完美统一，使其特有风格有效表达，是一个无止境的科学问题。

第二节　食品微生物的主要代谢及发酵类型

生物的代谢活动是获得发酵产物的根本，底物可通过微生物的各种代谢途径形成不同的代谢产物。微生物对底物的转化途径和产物的积累不仅取决于细胞内的酶系，而且受到复杂生存环境的作用与影响。因此，难于对微生物代谢途径及代谢产物进行逐一介绍。这里仅从碳架入手，介绍产生单一初级产物的发酵途径，为微生物发酵类型的掌握奠定必要的基础。

一、由EMP途径进行的发酵

经EMP途径发酵至丙酮酸后，随着微生物种类的不同，可进行不同分支代谢途径的发酵，因而其最终产物也不一样，如基于对丙酮酸的代谢，有乙醇发酵、同型乳酸发酵、丙酸发酵、2，3-丁二醇发酵、混合酸发酵、丁酸发酵等，如图3-14所示。

（一）乙醇发酵

乙醇发酵是酵母菌将葡萄糖发酵为丙酮酸，丙酮酸由脱羧酶催化脱羧成乙醛，乙醛被乙醇脱氢酶还原成乙醇的过程。

（二）同型乳酸发酵

同型乳酸发酵是乳酸菌在厌氧条件下利用葡萄糖经EMP途径生成丙酮酸，丙酮酸在乳酸脱氢酶作用下（需还原型辅酶工）接受氢被还原为乳酸的过程。能进行同型乳酸发酵的细菌有德氏乳杆菌、乳酸链球菌、酪乳杆菌、保加利亚乳杆菌等。同型乳酸发酵菌可以将大部分葡萄糖转化为乳酸（至少80%以上），没有或很少有其他产物生成。

（三）丙酸发酵

丙酸发酵是丙酸杆菌[1]以葡萄糖、甘油、乳糖、乳酸等作为碳源，代

---

[1]丙酸杆菌一般由底物经 EMP 途径及伍德·沃克曼循环途径、乙酸和 CO_2 合成途径、琥珀酸合成途径、糖原异生途径、三羧酸循环途径等生成丙酸及副产物。

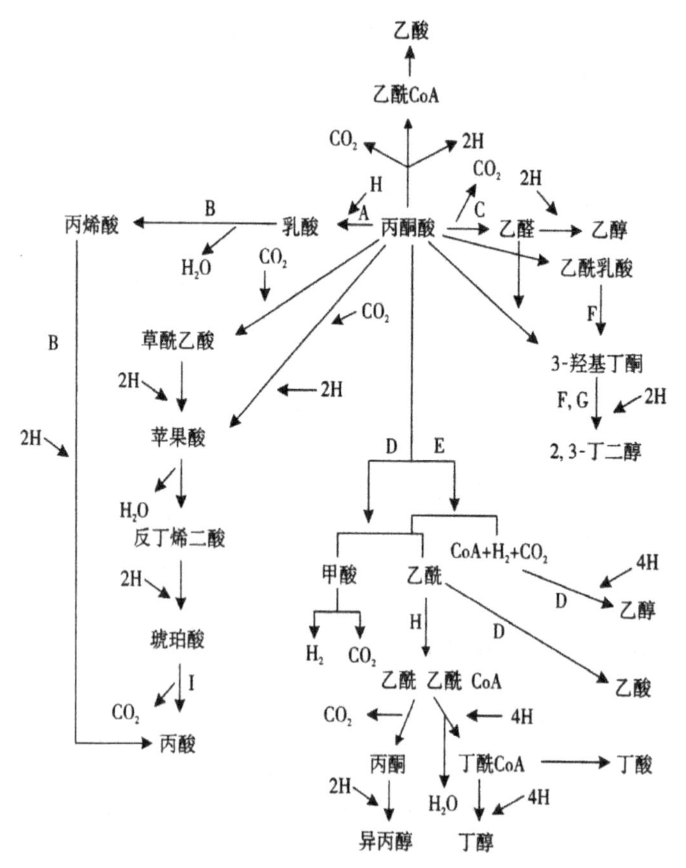

图3-14 基于丙酮酸的发酵产物

A—产乳酸细菌（链球菌、乳杆菌）；B—丙酸梭状芽孢杆菌；
C—酵母、醋酸杆菌、发酵单胞菌、胃八叠球菌、梨头疫病欧氏杆菌；D—肠道杆菌；
E—梭状芽孢杆菌；F—可氏杆菌；G—酵母；H—梭状芽孢杆菌（产丁酸细菌）；I—丙酸细菌

谢发酵生成丙酸，同时伴随有乙酸、琥珀酸、CO_2等副产物生成的过程。其中，丙酸和乙酸的产量比因菌种、培养条件不同而不同，以葡萄糖、乳酸为基质发酵，丙酸和乙酸的生成比大多在2∶1左右。以葡萄糖为碳源经EMP途径代谢生成丙酮酸之后，由伍德-沃克曼循环途径代谢生成丙酸最为常见。

丙酸杆菌多见于动物肠道和乳制品中。工业上常用傅氏丙酸杆菌和薛氏丙酸杆菌等发酵生产丙酸。丙酸发酵是一条较难进行的代谢途径，且丙酸杆菌生产丙酸时受到终产物（丙酸和乙酸）抑制，故难以使产物积累到较高程度。

（四）混合酸发酵

进行混合酸发酵的微生物主要是肠道细菌，如大肠杆菌，其发酵产物除甲酸、乙酸、乳酸等有机酸外，还有CO_2和H_2，有的还有2,3–丁二醇。所有上述产物的种类及含量都因菌种不同而不同，故可用来鉴定菌种。

甲酸又称蚁酸，它是在丙酮酸甲酸裂解酶的作用下将丙酮酸裂解而成的。甲酸在酸性条件下（$pH<6.2$）易被分解为CO_2和H_2，该反应由甲酸氢解酶催化。在肠道细菌中，有些不具甲酸氢解酶，如志贺氏菌，故发酵葡萄糖时只产酸不产气，据此可将其与其他产气菌种区分开。乙酸是在乙酰CoA的作用下，由乙酰磷酸分解而产生的。乳酸来自丙酮酸的还原。琥珀酸和甲酸发酵途径类似，由丙酮酸演变而来。

（五）2，3–丁二醇发酵

产气杆菌也可进行混合酸发酵，不过由葡萄糖发酵而来的丙酮酸又可缩合、脱羧成乙酰甲基甲醇，后者可还原成2,3–丁二醇。在碱性条件下，2,3–丁二醇易被氧气氧化成二乙酰。

（六）丁酸发酵

丁酸发酵的代表菌主要是专性厌氧的梭状芽孢杆菌。发酵产物中，除丁酸外，还有乙酸、CO_2和H_2等。工业上的丙酮丁醇发酵便是丁酸发酵的一种。进行丙酮丁醇发酵的菌种是丙酮丁醇梭菌，发酵产物除乙酸、丁酸、CO_2和H_2外，还有丙酮和丁醇。在丙酮丁醇发酵过程中，发酵前期主要产酸，后期酸量下降，大量积累丙酮和丁醇。丙酮来自乙酰乙酸的脱羧；丁醇来自丁酸的还原。

二、基于磷酸戊糖途径的发酵

磷酸戊糖（HMP）途径又被称为单磷酸己糖途径，经HMP途径，1分子6–磷酸葡萄糖转变成1分子3–磷酸甘油醛、1分子CO_2和1分子NADPH。[1]

HMP途径生理学意义如下：为核苷酸和核酸的生物合成提供戊糖–磷酸；产生大量的$NADPH_2$，参与脂肪酸、固醇等细胞物质的合成也可通过呼吸链产生大量的能量；积累四碳糖（赤藓糖），四碳糖可用于芳香族氨基酸的合成；在反应中存在三至七碳糖，使微生物的碳源谱更广泛；通过该途径可产生核苷酸、氨基酸、辅酶、乳酸等。

经HMP途径进行发酵的典型例子是异型乳酸发酵，如图3–15所示。

---

[1] 一般认为，HMP 途径不是产能途径，而是为生物合成提供大量的还原力（NADPH）和中间代谢产物的途径，如 5– 磷酸核酮糖、赤藓糖等。通过 HMP 途径的逆转途径，在羧化酶作用下可固定 CO_2，对于光能自养菌、化能自养菌具有重要意义。

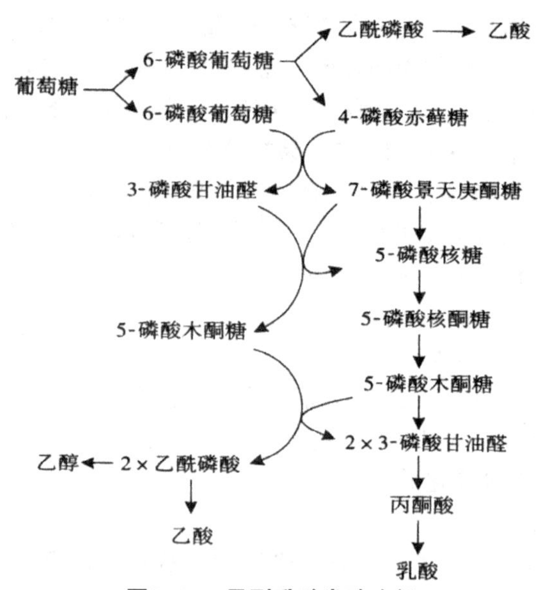

图3-15 异型乳酸发酵途径

三、基于ED途径的发酵

许多细菌都能利用葡萄糖发酵产生乙醇，但不同细菌的发酵途径各不相同。少数假单胞菌，如林氏假单胞菌能利用葡萄糖经ED途径进行酒精发酵，如图3-16所示。

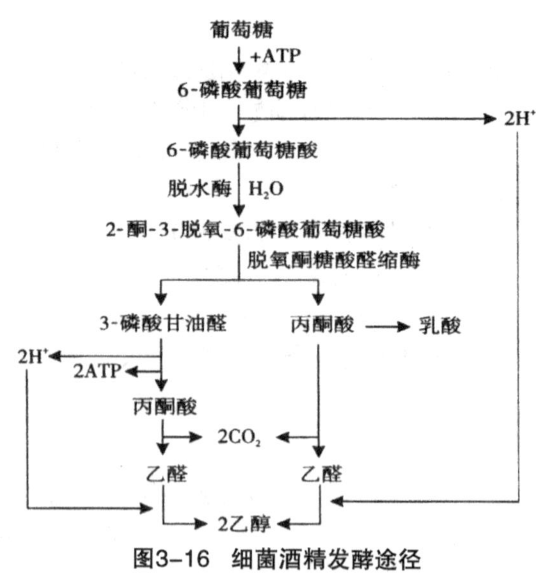

图3-16 细菌酒精发酵途径

四、次级代谢与次级代谢产物

（一）菌体竞争的优势

抗生素可以抑制或杀死某些微生物，而产生菌自身一般不敏感，因此在自然条件下，菌体产生抗生素可使其在生存竞争中占优势。

（二）次级代谢产物的作用形式

根据链霉素合成的机理，可将次级代谢视为提供某种结构单位或储备某些有特定功能代谢物的过程。在链霉素合成中，脯氨酸、组氨酸、精氨酸等氨基酸对链霉素合成有促进作用。链霉素分子中氮的含量较高，因此认为链霉素是过剩氮元素的储存形式。但次级代谢产物种类繁多，不能把所有的次级代谢产物都视为储藏物质。

（三）与细胞分化有关

细胞分化是指营养细胞转化为孢子的过程。次级代谢的产物之一是抗生素，其是细胞分化过程中不可缺少的重要物质。因为许多产生孢子的微生物都可产生抗生素；而不产孢子的突变株几乎都不能合成抗生素，突变回复后，可重新获得合成抗生素的能力；孢子形成的抑制剂也抑制抗生素的合成。目前，据研究和调查，二者的关系还不清楚，已知抗生素可抑制或阻遏营养细胞大分子物质的合成，如肽类抗生素可抑制细胞壁或细胞膜的合成，从而利于内生孢子的形成。当然抗生素合成与孢子形成是两个独立的过程，但可能存在共同的调节机制。

次级代谢对微生物分化的调节在很多时候是十分重要的。目前，已从真菌中分离到诱导细胞分化的调节分子，并确证形态分化可通过特殊的内源因子调节。而该内源因子在微生物营养生长阶段无任何功能，为次级代谢产物。

（四）次级代谢的产物

次级代谢的产物大多数是分子结构比较复杂的化合物，如抗生素、生物碱、毒素、色素、激素等。与食品有关的次级代谢产物有抗生素、毒素、色素等。这里只介绍抗生素和毒素。

1. 抗生素

抗生素是微生物在次级代谢过程中产生的（以及通过化学、生物或生物化学方法由其所衍生的），以低微浓度选择性地作用于他种生物机能的一类天然有机化合物。已发现的抗生素大部分为选择性地抑制或杀死某些种类微生物的物质。抗生素主要来源于微生物，特别是某些放线菌、细菌和真菌。如灰色放线菌产生链霉素、金色放线菌产生金霉素、纳他链霉菌产生纳他霉素等。霉菌中点青霉和产黄青霉产生青霉素、展开青霉和里青霉产生灰黄霉素等。一些细菌如枯草芽孢杆菌产生枯草菌素、乳酸乳球菌（旧称乳酸链球菌）产生乳链球菌素等。

抗生素主要通过抑制细菌细胞壁合成、破坏细胞质膜、改变细胞膜的通透性或作用于呼吸链以干扰氧化磷酸化、抑制蛋白质与核酸合成等方式抑制或杀死病原微生物。因此，抗生素是临床、农业和畜牧业生产上广泛使用的化学治疗剂。此外，在工业发酵中，抗生素用于控制杂菌污染；在微生物育种中，抗生素常作为高效的筛选标记。近年来，一些细菌和放线菌产生的抗生素作为天然生物防腐剂，在食品防腐保鲜中已被广泛应用。

在国际上，抗生素用于食品防腐保藏尚有争论。为了确保抗生素在食品防腐中的使用安全和使用效果，有人提出食品中应用的抗生素必须符合以下条件：①必须无毒，无致癌性，对人体无过敏性；②有广谱抗菌作用，并保持性质稳定；③能被降解成无害的物质，或对于一些需要烹调的食品能在烹调过程中被降解；④不应被食品中的成分或微生物代谢产生的成分所钝化；⑤不会刺激抗性菌株的出现；⑥在商业条件和贮藏方法上必须有效；⑦医疗或饲料添加剂中使用的抗生素不应在食品中使用。

目前，国内外已研制和推广使用几种高效无毒的天然生物防腐剂，主要有乳酸链球菌素（Nisin）、枯草菌素、聚赖氨酸、纳他霉素（Natamycin）等。

2. 毒素

某些微生物在次级代谢过程中能产生对人和动物有毒害的物质，称为毒素。真菌毒素是某些产毒霉菌在适宜条件下产生的能引起人或动物病理变化的次级代谢产物。外毒素的毒性较强，但多数不耐热，加热70℃毒力即被减弱或破坏。能产生外毒素的微生物包括病原细菌和霉菌中的某些种，例如，破伤风梭菌、肉毒梭菌、白喉杆菌、金黄色葡萄球菌、链球菌等G^+菌，霍乱弧菌、绿脓杆菌、鼠疫杆菌等G^-菌，以及黄曲霉、寄生曲霉、青霉、镰刀菌等。内毒素即G^-菌细胞壁的脂多糖（LPS）部分，只有在菌体自溶时才会被释放出来。内毒素的毒性较外毒素弱，但多数较耐热，加热80～100℃，1h才被破坏。能产生内毒素的病原菌包括肠杆菌科的细菌（如致病性大肠杆菌、沙门氏菌等）、布鲁氏杆菌和结核分枝杆菌等。

五、高级醇代谢及酯类物质的形成

高级醇为酒类主要香气成分之一，是增甜和助香的主要物质。有的高级醇还具有特殊的香味。例如，丁醇有极好的脂肪香味，过多则味苦；异丁醇有香味及杂醇油气，味苦；丙醇有风信子香味，极苦；异戊醇进口香，具特殊的酒精气味，有辣味。一般酒精产量高的酵母菌其高级醇产量低，而某些产酒精能力不强的酵母菌往往产高级醇及酯的能力强。酵母菌高级醇的代谢途径主要有降解途径（图3–17）和合成途径（图3–18）两种。

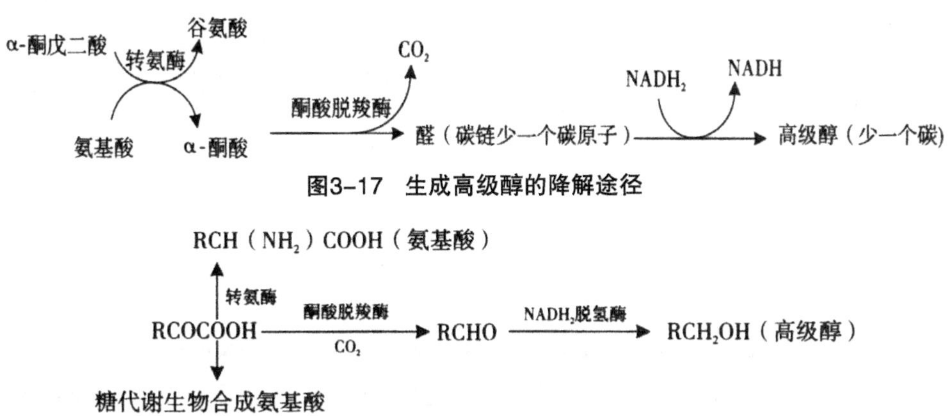

图3–17　生成高级醇的降解途径

图3–18　生成高级醇的合成途径

基于上述两条途径，Growall于1961年提出高级醇的综合合成途径如图3–19所示。

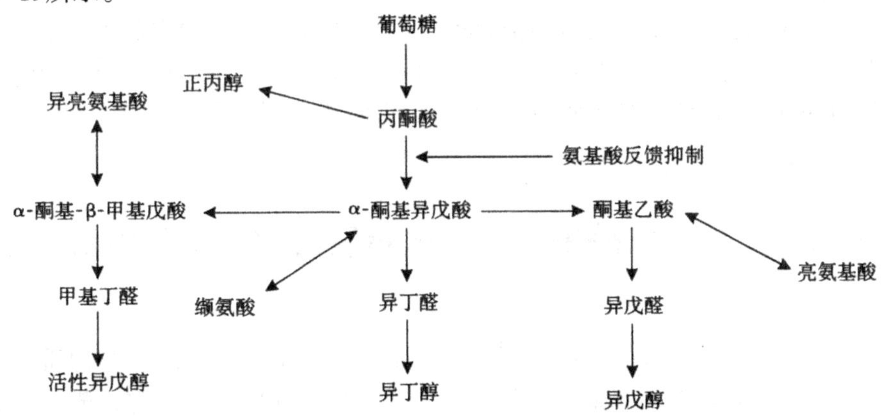

图3–19　高级醇综合合成途径

梭状芽孢杆菌产生一系列的有机溶剂，特别是丁醇、丙醇、异丙醇、乙醇等，其形成量由菌种和培养条件而定。在浓香型白酒及酱香型白酒的酒窖中分离到大量的梭状芽孢杆菌，据报道，窖龄越长梭状芽孢杆菌越多，酒质越好。由酵母菌对糖进行乙醇转化的过程中，不仅会产生不等的高级醇，还会分泌酯类物质，如图3–20所示。

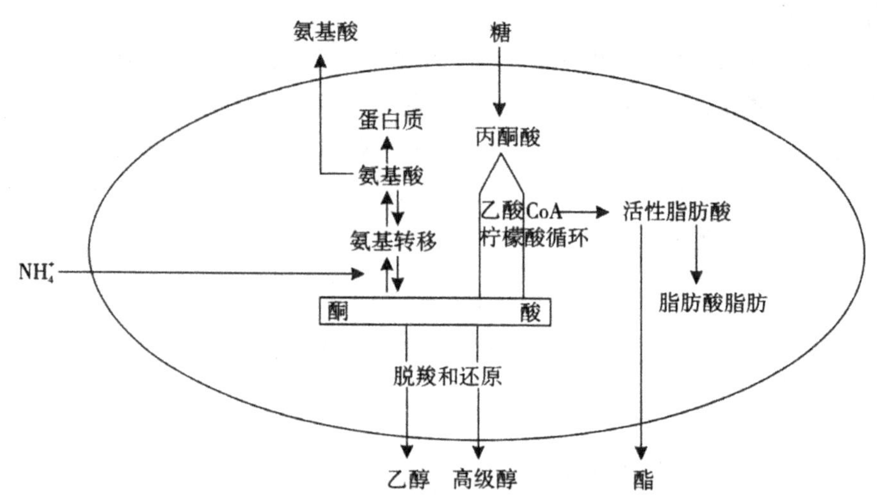

图3-20 乙醇、高级醇、酯的生成及在酵母菌细胞内代谢

酯类是具有芳香气味的挥发性化合物，例如，乙酸乙酯有愉快的香蕉味，带有微弱的苹果味，味淡、微辛；丙酸乙酯似芝麻香；丁酸乙酯有甜菠萝味，辣、微酸，量多时有不愉快的汗臭味；己酸乙酯有愉快的窖底香味或菠萝香味，微有辣味。

酯类是由酰基CoA和醇类缩合而成的，泛酸盐对其形成有促进作用。酰基CoA是酯类合成的关键物质，它是一种高能化合物，可以通过脂肪酸的活化、α-酮酸的氧化及高级脂肪酸合成的中间产物等途径形成。

第三节 食品发酵主要大分子物质的微生物利用及转化

食品中含有大量的淀粉、纤维素、果胶质、蛋白质、脂肪等物质，可作为微生物的碳素和氮素来源的营养物质。如果环境条件适宜，微生物就能在食品中大量生长、繁殖，造成食品腐败变质，同时人们利用有益菌的代谢活动生产发酵食品、药品和饲料等。

一、多糖的分解

多糖是由单糖或单糖衍生物聚合成的大分子化合物，包括淀粉、纤维素和果胶质等。其中淀粉是多数微生物都能利用的碳源，而纤维素、果胶质等只被某些微生物利用。微生物对多糖的利用都是先分泌胞外酶将其水解，其水解产物按不同方式发酵或被彻底氧化。微生物分解多糖的简要过程如下：

多糖→双糖→单糖→丙酮酸→有机酸、醇、醛等→CO_2和H_2O等

（一）淀粉的分解

微生物对淀粉的分解是借淀粉酶的作用而进行的。淀粉酶种类很多，作用方式各异，作用后的产物也不同。主要的淀粉酶有以下几类：

1. α–淀粉酶

α–淀粉酶又称液化型淀粉酶，可将直链淀粉水解成麦芽糖或含有6个葡萄糖分子的单位，作用于支链淀粉的分解结果除麦芽糖、低聚糖外，还有一些小分子的极限糊精。淀粉被α–淀粉酶水解后，黏度下降，表现为液化。发芽的种子、动物胰脏、唾液中都含此酶，以及一些细菌、放线菌、霉菌均能产生此酶。发酵工业中常用枯草芽孢杆菌BF–7658生产中温淀粉酶，用地衣芽孢杆菌生产耐高温α–淀粉酶。

2. β–淀粉酶

β–淀粉酶又称淀粉–1,4–麦芽糖苷酶，此酶从淀粉分子的非还原端开始，每次分解出一个麦芽糖分子，可将直链淀粉彻底水解成麦芽糖。由于不能作用于α–1,6糖苷键，也不能越过此键继续作用于α–1,4糖苷键，因此，当它们遇到支链淀粉分枝点上α–1,6糖苷键时，就停止作用，因此分解支链淀粉时，产物为麦芽糖和β–极限糊精。根霉和米曲霉等可产生大量的β–淀粉酶。β–淀粉酶本从高等植物（如大麦芽）中提取，后发现巨大芽孢杆菌、假单胞菌、多黏芽孢杆菌、某些放线菌也能产生此酶。

3. 葡萄糖苷酶

葡萄糖苷酶又称淀粉–1,4–葡萄糖苷酶或葡萄糖生成酶，该酶从淀粉分子的非还原端开始，将以α–1,4糖苷键结合的葡萄糖分子依次一个个切下，但不能水解α–1,6糖苷键，遇到α–1,6糖苷键就绕过去，继续水解α–1,4糖苷键，因此，对直链淀粉的水解产物几乎都是葡萄糖。支链淀粉的水解产物除葡萄糖外，还有带有α–1,6糖苷键的寡糖。工业生产中一般用根霉和曲霉生产葡萄糖苷酶。

4. 异淀粉酶

异淀粉酶又称淀粉–1,6–葡萄糖苷酶，该酶专门水解α–1,6糖苷键生成葡萄糖，故能水解α–淀粉酶和β–淀粉酶的水解产物极限糊精。黑曲霉、米曲霉可产生此酶。我国常应用产气肠杆菌10016生产异淀粉酶。

以上后3种淀粉酶的共同特点是可将淀粉水解为麦芽糖或葡萄糖，故统称为糖化型淀粉酶。微生物的淀粉酶和糖化酶可用于酶法水解生产葡萄糖，制曲酿酒，用于食品发酵中的糖化作用等。微生物来源的淀粉酶制剂

现已实现工业化生产。

（二）纤维素的分解

纤维素只有在纤维素酶作用下或分泌纤维素酶的微生物存在下才被分解生成葡萄糖。纤维素酶是一类纤维素水解酶的总称，或称纤维素酶的复合物。根据其作用方式不同可分为C_1酶、Cx酶（又分为Cx_1、Cx_2酶两种）和纤维二糖酶三类。

1. C_1酶

C_1酶主要作用于天然纤维素，使之转变成水合非结晶纤维素。

2. Cx酶

Cx酶又称β–1,4–葡聚糖酶，它能水解溶解的纤维素或膨胀、部分降解的纤维素，但不能作用于结晶的纤维素。Cx_1酶是β–l,4–葡聚糖内切酶，可以任意水解水合非结晶纤维素分子内部的β–1,4糖苷键，生成纤维糊精、纤维二糖和葡萄糖；Cx_2酶是β–1,4–葡聚糖外切酶，它从水合非结晶纤维素的非还原性末端作用于β–1,4糖苷键，逐一切断β–1,4糖苷键生成葡萄糖。

3. 纤维二糖酶

纤维二糖酶又称β–葡萄糖苷酶，它能水解纤维二糖、纤维三糖和短链的纤维寡糖生成葡萄糖。

微生物分解纤维素的过程为：天然（棉花）纤维素$\xrightarrow{C_1\text{酶}}$水合非结晶纤维素$\xrightarrow{Cx_1\text{、}Cx_2\text{酶}}$葡萄糖+纤维二糖$\xrightarrow{\text{纤维二糖酶}}$葡萄糖。

细菌的纤维素酶结合于细胞膜上，已观察到它们分解纤维素时，细胞需附着在纤维素上。真菌、放线菌的纤维素酶系胞外酶，分泌到培养基中，可通过过滤或离心分离得到。

分解纤维素的微生物种类很多。好氧菌中有纤维黏菌属（*Cytophaga*）、生孢嗜纤维菌属（*Sorocytophaga*）、纤维弧菌属（*CeUvibrio*）、纤维单胞菌属（*Cellulomonas*）等；厌氧菌以梭状芽孢杆菌属为主，常见的有嗜热纤维芽孢梭菌（*Clostridium thermocellum*）。真菌中分解纤维素的有木霉（*Trichoderma*）、葡萄穗霉（*Stachybotrys*）、曲霉（*Aspergillus*）、青霉（*PeniciUium*）、根霉（*Rhizopus*）等属。放线菌中有诺卡氏菌、小单胞菌及链霉菌等属中的某些种。其中绿色木霉、康氏木霉和木素木霉，以及某些放线菌和细菌为生产纤维素酶的常用菌种。

（三）果胶物质的分解

果胶物质广泛存在于高等植物，特别是水果和蔬菜的组织中，是构成细胞间质和初生壁的重要组分，在植物细胞组织中起“粘合”作用。果胶物质是由D–半乳糖醛酸通过α–1,4糖苷键连接而成的直链状的高分子聚合物。大部分D–半乳糖醛酸上的羧基可被甲醇酯化形成甲酯，不含甲酯的果胶物质称为果胶酸。果胶物质包括果胶质和果胶酸。天然果胶质常称为原果胶（不可溶果胶），在原果胶酶的作用下，它被转化成水可溶性果胶，再进一步生成果胶酸，最后生成半乳糖醛酸。后者进入糖代谢途径被分解释放能量。由此可见，分解果胶质的酶是多酶复合物，是指分解果胶质的多种酶的总称。它可分为果胶酯酶和聚半乳糖醛酸酶两种。

微生物分解果胶的过程为：原果胶 $\xrightarrow{\text{原果胶酶}}$ 可溶性果胶 $\xrightarrow{\text{果胶甲酯水解酶}}$ 果胶酸 $\xrightarrow{\text{聚半乳糖醛酸酶}}$ 半乳糖醛酸 $\longrightarrow$ 糖代谢

分解果胶的微生物主要是一些细菌和真菌。例如，梭菌属中的费新尼亚梭菌（*Clostridium felsineum*）、蚀果胶梭菌（*C. pectmovorum*）和芽孢杆菌属中的浸麻芽孢杆菌（*Bacillus macerans*）以及曲霉属、葡萄孢霉属（*Botrytis*）和镰刀菌属（*Fusarium*）等都是分解果胶能力较强的微生物。食品工业上已利用微生物生产果胶酶，用于果汁澄清、橘子脱囊衣等加工处理。

二、含氮有机化合物的分解

蛋白质、核酸及其不同程度的降解产物通常作为微生物生长的氮源或生长因子（氨基酸、嘌呤、嘧啶等）。由于蛋白质是由氨基酸以肽键结合组成的大分子物质，不能直接透过菌体细胞膜，故微生物利用蛋白质时，须先分泌蛋白酶至细胞外，将蛋白质水解成短肽后进入细胞，再由细胞内的肽酶将短肽水解成氨基酸后才被利用。

（一）蛋白质的分解

蛋白质在有氧环境下被微生物分解的过程称为腐化，在厌氧环境中被微生物分解的过程称为腐败。

蛋白质的降解分两步完成：首先在微生物分泌的胞外蛋白酶作用下水解生成短肽，然后短肽在肽酶的作用下进一步被分解成氨基酸。微生物分解蛋白质的一般过程为：

蛋白质 $\xrightarrow[\text{细胞外}]{\text{蛋白酶}}$ 短肽 $\xrightarrow[\text{细胞内}]{\text{太酶}}$ 氨基酸 $\longrightarrow$ 有机酸、吲哚、胺、H_2S、NH_3、CH_4、H_2、CO_2等。

分解蛋白质的微生物种类很多，好氧微生物有枯草芽孢杆菌、马铃薯芽孢杆菌、假单胞菌等，兼性厌氧微生物有普通变形杆菌，厌氧微生物有生孢梭状芽孢杆菌等。放线菌中不少链霉菌均产蛋白酶。真菌如曲霉属、毛霉属等均具蛋白酶活力。有些微生物只有肽酶而无蛋白酶，因而只能分解蛋白质的降解产物。例如，乳酸杆菌、大肠杆菌等不能水解蛋白质，但可以利用蛋白胨、肽和氨基酸等，故蛋白胨是多数微生物的良好氮源。

（二）氨基酸的分解

微生物利用氨基酸除直接用于合成菌体蛋白质的氮源外，还可被微生物分解生成氨、有机酸、胺等物质作为碳源和能源。氨被利用合成各种必需氨基酸、酰胺类等，有机酸可进入三羧酸循环或进行发酵作用等。此外，氨基酸的分解产物对许多发酵食品，如酱油、干酪、发酵香肠等的挥发性风味组分有重要影响。

不同微生物分解氨基酸的能力不同。例如，大肠杆菌、变形杆菌和绿脓假单孢菌几乎能分解所有氨基酸，而乳杆菌属、链球菌属分解氨基酸的能力较差。由于微生物对氨基酸的分解方式不同，形成的产物也不同。微生物对氨基酸的分解方式主要是脱氨作用和脱羧作用。

1. 脱氨作用

由于微生物类型、氨基酸种类与环境条件不同，脱氨作用的方式主要有氧化脱氨、还原脱氨、氧化-还原脱氨、水解脱氨、分解脱氨5种。

（1）氧化脱氨。在有氧条件下，氨基酸在氨基酸氧化酶的作用下，脱氨生成α-酮酸和氨。生成的酮酸被微生物继续转化为羟酸和醇。它是好氧菌进行脱氨的一种方式。

例如，丙氨酸氧化脱氨生成丙酮酸，丙酮酸可借TCA循环而继续氧化。

$$\underset{\text{丙氨酸}}{CH_3CHNH_2COOH} + 1/2O_2 \xrightarrow{\text{氨基酸氧化酶}} \underset{\text{丙酮酸}}{CH_3COCOOH} + NH_3$$

（2）还原脱氨。在无氧条件下，氨基酸在氨基酸脱氢酶的作用下以还原方式脱氨生成饱和脂肪酸和氨。它是专性厌氧菌和兼性厌氧菌进行脱氨的一种方式。例如，大肠杆菌可使甘氨酸经还原脱氨生成乙酸，梭状芽孢杆菌可使丙氨酸经还原脱氨生成丙酸。

$$\underset{\text{丙氨酸}}{CH_3CHNH_2COOH} + 2H \xrightarrow{\text{氨基酸脱氢酶}} \underset{\text{丙酸}}{CH_3CH_2COOH} + NH_3$$

$$RCHNHCOOH + 2H \longrightarrow \underset{\text{饱和脂肪酸}}{RCH_2COOH} + NH_3$$

（3）氧化-还原脱氨（Stickland反应）。当培养基中的碳源和能源物质缺乏时，有些专性厌氧菌，如生孢梭状芽孢杆菌在厌氧条件下通过此反应获得能量。在Stic land反应中，一种氨基酸作为氢供体氧化脱氨，另一种氨基酸作为氢受体还原脱氨，生成相应的有机酸、α-酮酸和氨，并释放能量。这是一类氧化脱氨与还原脱氨相偶联的特殊发酵。这种偶联反应并不是在任意两种氨基酸之间就能发生。丙氨酸、缬氨酸、异亮氨酸、亮氨酸等优先作为氢供体；而甘氨酸、羟脯氨酸、脯氨酸和鸟氨酸等优先作为受氢体。例如，以丙氨酸作为供氢体、甘氨酸作为受氢体时，生成3分子乙酸，并放出NH_3。

$$\underset{\text{丙氨酸}}{CH_3CHNH_2COOH} + \underset{\text{甘氨酸}}{2CH_2NH_2COOH} \longrightarrow \underset{\text{乙酸}}{3CH_3COOH} + 3NH_3 + CO_2$$

（4）水解脱氨。在厌氧条件下，氨基酸在水解酶作用下水解脱氨生成羟酸与氨。例如，丙氨酸可经水解脱氨生成乳酸和氨。

$$\underset{\text{丙氨酸}}{CH_3CHNH_2COOH} + H_2O \xrightarrow{\text{水解酶}} \underset{\text{乳酸}}{CH_3CHOHCOOH} + NH_3$$

羟酸脱羧生成一元醇，或有的氨基酸在水解脱氨的同时又脱羧，生成少一个碳原子的一元醇。例如，丙氨酸经水解脱氨和脱羧后生成乙醇、氨和二氧化碳。

$$\underset{\text{丙氨酸}}{CH_3CHNH_2COOH} + H_2O \longrightarrow \underset{\text{乙醇}}{CH_3CH_2OH} + CO_2 + NH_3$$

某些细菌如大肠杆菌、变形杆菌等能使色氨酸水解脱氨基生成吲哚（靛基质）、丙酮酸和氨。当吲哚与对二甲基氨基苯甲醛试剂反应，生成红色的玫瑰吲哚，为吲哚试验反应阳性。因此，可根据细菌能否分解色氨酸产生吲哚来鉴定菌种。

有些如沙门氏菌、变形杆菌、枯草杆菌等可以水解胱氨酸、半胱氨酸生成丙酮酸、NH_3和H_2S。如果预先在含有蛋白胨的细菌培养基内加入醋酸铅或硫酸亚铁，接菌培养后若出现黑色硫化铁或硫化铅沉淀，为硫化氢反应阳性。因此，H_2S的产生常作为细菌分类鉴定的一项指标。

（5）分解脱氨。又称减饱和脱氨，氨基酸在直接脱氨的同时，其双键在α、β碳原子上减饱和，生成不饱和酸和氨。例如，L–天冬氨酸在L–天冬氨酸裂解酶催化下，分解脱氨生成延胡索酸和氨。

$$COOH—CH_2—CHNH_2—COOH \xrightarrow{\text{天冬氨酸裂解酶}} COOH—CH{=\!=}CH—COOH + NH_3$$

2. 脱羧作用

许多腐败细菌和真菌细胞内具有氨基酸脱羧酶[1]，可以催化相应的氨基酸脱羧，生成减少一个碳原子的胺和CO_2。

（三）核酸的分解

核酸的分解是指核酸在一系列酶的作用下，分解成构件分子——嘌呤或嘧啶、核糖或脱氧核糖的反应。核酸是由许多核苷酸以3,5–磷酸二酯

[1]氨基酸脱羧酶具有高度的专一性，在实验室或生产中可用来测定氨基酸的含量和脱羧酶的活力。

键连接而成的大分子化合物。异养微生物可分泌水解酶类，分解食物或体外的核蛋白与核酸类物质，以获得各种核苷酸。核酸分解代谢的第一步是水解核苷酸之间的磷酸二酯键，生成低级多核苷酸或单核苷酸。作用于核酸的磷酸二酯键的酶称为核酸酶。水解核糖核酸的酶称核糖核酸酶（RNase），水解脱氧核糖核酸的酶称脱氧核糖核酸酶（DNase）。核苷酸在核苷酸酶的作用下分解成磷酸和核苷，核苷再经核苷酶作用分解为嘌呤或嘧啶、核糖。

$$\text{核苷酸}+H_2O \xrightarrow{\text{核苷酸酶}} \text{核苷}+H_3PO_4$$

$$\text{核苷}+H_2O \xrightarrow{\text{核苷酶}} \text{核糖}+\text{碱基}$$

$$\text{核苷}+H_3PO_4 \xrightarrow{\text{核苷磷酸解酶}} 1-\text{磷酸核糖}+\text{碱基}$$

有些微生物能利用嘌呤或嘧啶作为生长因子、碳源和氮源。微生物对嘌呤或嘧啶继续分解，生成氨、二氧化碳、水及各种有机酸。

三、脂肪和脂肪酸的分解

脂肪和脂肪酸作为微生物的碳源和能源物质，一般被微生物缓慢利用。但如果环境中有其他容易被利用的碳源与能源物质时，脂肪类物质一般不被微生物利用。在缺少其他碳源与能源物质时，微生物能分解与利用脂肪进行生长。由于脂肪是由甘油与三个长链脂肪酸通过酯键连接起来的甘油三酯，因此，它不能进入细胞，细胞内贮藏的脂肪也不可直接进入糖的降解途径，均要在脂肪酶的作用下进行水解。

（1）脂肪的分解。脂肪在微生物细胞合成的脂肪酶作用下（胞外酶对胞外的脂肪作用，胞内酶对胞内的脂肪作用），水解成甘油和脂肪酸。

（2）脂肪酸的分解。多数细菌对脂肪酸的分解能力很弱。但是，脂肪酸分解酶系诱导酶，在有诱导物存在情况下，细菌也能分泌脂肪酸分解酶，而将脂肪酸氧化分解。如大肠杆菌有可被诱导合成脂肪酸的酶系，使含6～16个碳的脂肪酸靠基团转位机制进入细胞，同时形成乙酰CoA，随后在细胞内进行脂肪酸的β–氧化。

脂肪酸的β–氧化是脂肪酸分解的一条主要代谢途径，在原核细胞的细胞膜上和真核细胞的线粒体内进行。β–氧化因脂肪酸氧化断裂发生在β–碳原子上而得名。在β–氧化过程中能产生大量的能量，最终产物是乙酰CoA。乙酰CoA直接进入TCA循环被彻底氧化成CO_2和H_2O，或以其他途径被氧化降解。

第四章
食品发酵有害物质研究与消除策略

本章重点介绍了发酵食品的安全性、生物危害物代谢与转运过程的磷酸化调控过程，以及食品发酵有害物质的控制与消除。

第一节 发酵食品的安全性概述

传统发酵食品起源于食品保藏，现今已拓展为全季节生产的特殊食品。发酵食品是微生物繁殖代谢的产物，食物原料经微生物的代谢作用，形成了新的成分。如蛋白质水解为肽和氨基酸，并产生氨气，食物的性质发生了不同程度的变化，同时抑制了有害微生物的生长。长期实践证明，传统发酵食品保证了产品的安全性，但潜在危害以及工业化生产发酵食品因为条件的改变可能存在安全性问题，主要体现在微生物菌种本身安全性、发酵工艺带来的安全性影响以及发酵过程中有害物质的残留等方面。

一、微生物菌种安全性问题

发酵食品工业中的菌种主要包括细菌、酵母菌、真菌和放线菌。在发酵食品微生物的菌种选育过程中，首先要注重安全性。用于生产中的微生物菌种本身是安全的，为非致病菌，代谢产物不含毒素，生产的发酵食品对人体不能有任何损害。其次菌种的遗传稳定性也非常重要，只有生产性能稳定的菌种，才能保证产品质量稳定。我国食品发酵工业在菌种使用方面存在的主要安全性问题是对生产菌种情况不清楚和对菌种的安全性问题认识不深，这造成了发酵食品在食品安全方面存在很大的隐患。

（一）食品工业用菌种可能引起的安全性问题

1. 微生物对人体的致病性

在评价菌种的致病性时首先要考虑以下两方面：第一，微生物本身的致病性；第二，微生物本身对机体的作用和机体组织对微生物的反应。一般情况下，食品工业用菌种不会选择那些常见的致病微生物。对于酶制剂这样的食品添加剂，其最终产品中不含存活的生产菌种或其他微生物，因此菌种的致病性不会直接影响到消费者的食用安全。

乳酸菌是发酵香肠生产中的优势菌，通常是非致病的，而且香肠生产中乳酸菌的迅速发酵作用是产品安全性的保证。但同时有研究表明，大多数乳酸菌菌株具有氨基酸脱羧酶活力，在发酵香肠生产过程中能使游离的氨基酸脱羧，从而产生生物胺，威胁到消费者的身体健康。因此，在开发乳酸菌发酵剂时一定要考虑到脱羧酶活力，筛选不具有氨基酸脱羧酶活力的乳酸菌菌株作为发酵剂。非致病性葡萄球菌和微球菌是在发酵香肠生产过程中的另一类群细菌。这类细菌能改善产品的风味，维护产品色泽的稳定，通常认为是发酵香肠生产中的“成香”菌。其中以木糖葡萄球菌和肉食葡萄球菌应用最普遍，这两种菌用于发酵香肠生产通常被认为是安全的。

2. 微生物代谢产物对人体的潜在危害

菌种所产生的毒素包括由细菌所产生的毒素和由丝状真菌所产生的毒素。由细菌所产生的毒素从本质上来说是一种蛋白质或多肽，能够引起消费者的急性食物中毒。细菌毒素一般分为肠毒素和神经毒素，通过免疫学方法或动物实验均可以检测这些毒素。虽然细菌毒素能够对人体产生严重危害，但是在细菌这个大家族中能够产生毒素的细菌仅占一小部分，因此许多非产毒细菌菌株可以被分离出来用于食品发酵生产。由丝状真菌产生的毒素通常是一些相对分子质量小于1000的有机分子，即通常所说的真菌毒素。如产生红曲制品的菌种红曲霉的某些株可能产生桔青霉素，生产食品酶制剂的菌种黑曲霉和米曲霉中的某些株分别可以产生赭曲霉素A和β－硝基丙酸等。大多数真菌毒素可以引起人的急性中毒反应，低剂量持续摄入可以引起慢性中毒或者具有致癌性。生产菌种的有毒代谢产物可以随同种产品进入消费者体内，给消费者带来极大的危害。因此，在评价菌种的安全性时，考虑菌种是否会产生有毒性产物是很重要的。菌种的抗药性也是一个不容忽视的问题。例如，在酸奶菌种的筛选过程中，应特别注意防止发酵菌株携带抗药性因子。目前，市场上所用的益生菌基本上都是野生菌株，绝大多数没有经分子生物学方法检查是否带有抗药性因子。如果某些致病菌或条件致病菌获得某一种或多种抗药因子，抗生素会对患者无效，这将给社会带来无法挽救的后果。

3. 基因重组技术所引发的生物安全问题

世界卫生组织（WHO）、联合国粮农组织（FAO）专家评议会认为，用传统方法（杂交、诱变）对食品工业用菌种进行改造而生产的食品是安全的。现在人们所关心的是用基因工程技术（如DNA重组技术）对食品工业用菌种进行改良所生产的食品是否安全。当基因重组微生物或其代谢产物用于食品生产时，这些食品的安全性必须要被重新论证，包括该生产菌种在食品工业中使用的情况。WHO、FAO的专家认为，评价其安全性应着重从宿主、载体、插入基因、重组DNA、基因表达产物和对食品营养成分的影响几个方面考虑。首先，必须明确提供目的基因的供体和接受基因改造的受体菌种在生物学上的分类和基因型及表型。其次，为了避免基因改造食品携带的抗生素基因在人体胃肠道向病原微生物转化而使之产生耐药性，要求对载体进行改造以尽可能地减少载体对其他微生物进行转化的可能性；对经基因改造后含活的微生物的食品，要求该微生物不能携带抗抗生素基因；对由携带该抗抗生素基因的微生物所产生的食品成分，要求其中不能含有该种活微生物与编码抗抗生素的遗传材料。引入外源基因的重组DNA应稳定，即外源基因的插入不会导致宿主某些功能基因的失活和某些基因的激活，从而可能导致一些毒性物质的产生，基因改造后的菌种不应产生任何有毒、有害物质。生物技术食品若含有活的基因改造微生物，被摄入体内后该种活微生物在人体肠道内的增殖不应该对肠道内的正常菌群产生不利影响。转基因的安全性问题争议很大，因此对作为人们食用的食品是否采用转基因工程菌种应该采取谨慎的态度。

4. 相关生产过程中微生物的污染问题

食品工业用菌种的发酵条件不但适合生产菌种的繁殖，同时还适合一些杂菌的繁殖。由于我国食品发酵行业多数企业规模小，生产技术落后，生产条件差，工艺设备陈旧，生产管理混乱，因此生产过程中极易污染杂菌。一旦污染了杂菌，食品安全将很难得到保证。对于生产相关过程中的微生物污染问题，应该强调在生产加工过程中实施危害分析关键控制点（Hazard Analysis Critical Control Point，HACCP）与良好的制造加工（Good Manufacture Practice，GMP）。

（二）食品工业用菌种的安全性评价及管理

1. 食品工业用菌的安全性评价

菌种的安全性评价是保证食品工业用菌安全的有效措施。1983年，Pariza和Foster首先提出了食品工业用酶制剂及其生产菌种的安全性评价方法——判断树理论。1990年，国际食品生物技术委员会（International Food Biotechnology Commission，IFBC）在Pariza和Foster研究的基础上融合了生物技术食品的安全性评价原则，进一步提出了由微生物生产的食品及所用菌种的安全性判断树原则：了解菌种的遗传学背景，检测终产品中可能存在的毒素，并进行毒理学实验。JECFA（粮农组织/世界卫生组织食品添加剂联合专家委员会）提出的菌种安全性标准是：对人和动物没有致病性，不产生危害人体健康的代谢产物，利用丝状真菌生产的食品，产品中不得检出黄曲霉毒素、杂色曲霉毒素、T-2毒素、赭曲霉素A和呕吐毒素。2001年，Pariza等结合生物技术食品发展的新特点对判断树进行了补充、修改、细化。改善之后的判断树既包含了对传统菌种的安全性评价，又包含了对利用基因重组技术修饰的菌种的安全性评价。

我国常用的三种微生物风险测评方法是：菌种的内在性质研究、菌种的药物动力学研究以及菌种和寄主间的相互作用。目前，国际惯用的现代微生物风险评估技术（microbiological riskassessment）是发酵食品质量安全评价的主要评价手段，如图4-1所示。它通过目标陈述、危害识别、暴露评估、危害特征描述、风险特性描述5个阶段对微生物的安全性进行评价。

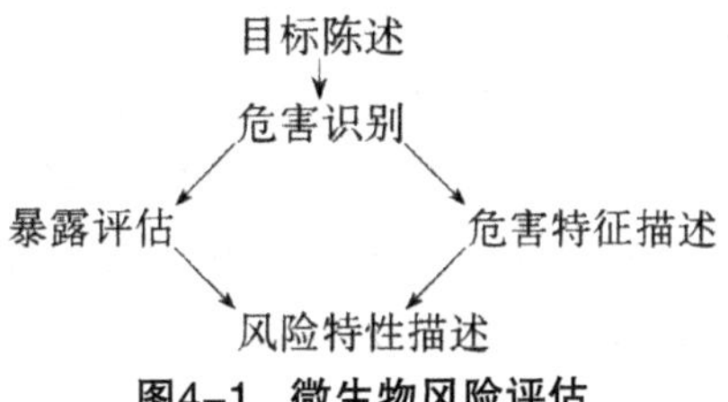

图4-1　微生物风险评估

（1）目标陈述。微生物活动对发酵食品的色、香、味及安全性起重要作用。因此，评价发酵食品的安全性主要是评价微生物活动的安全性。

（2）危害识别。识别通过发酵食品传导的病原体是整个风险评估中的重要步骤。这需要专业的知识与各种来源的评估数据，例如，对从食物或其他来源所能摄入的生物、化学和物理因素等进行定性和定量的评估。由于有的致病菌不易被识别，因此科学系统的方法是识别危害的关键。

（3）暴露评估。这一阶段的风险评估重点在于食物载体和评估在食物消费中某一种特殊致病菌的可能摄入上升量。做这一评估需要评估在某一时间，消费食物的内容和方式所带来的食物中的致病菌或者毒素的水平。

（4）危害特征描述。与暴露评估偏向于分析食物相比，危害特征描述更着重于分析一个危害对人体有什么影响。它提供了关于食物中危害所产生的致病频次、属性、严重程度及期限等定性、定量的信息。危害特征描述更侧重于建立导致危害的量效关系。

（5）风险特性描述。这是风险评价的最后一个阶段。这个步骤是对前面所有的步骤进行合成。它对致病可能性、严重程度及可能感染人群进行估算，同时进行定性、定量的风险明确与评估。

2. 食品工业用菌种的管理

菌种是国家重要的自然资源。欧、美、日等国家对食品工业用菌种的管理、审批非常严格，对菌种的使用历史、来源、分类鉴定、耐药性、遗传稳定性等都有明确要求。当新菌种用于食品生产时必须通过大量试验证明菌种安全时才可用于生产。对菌种进行安全性评价以及制定严格的使用和管理制度，不仅可以保护广大消费者的身体健康和生命安全，还能有效地防止菌种退化，维护生产厂家的切身利益。

（三）我国食品发酵工业用菌种的现状及存在的问题

目前，我国食品工业用菌种的现状存在许多令人担忧的问题。一方面，由于食品新资源的开发利用导致了新菌种不断涌现，菌种来源非常复杂，一些厂家将从自然界分离到的菌种未经任何安全性评价就直接用于食品生产，对消费者的健康和人身安全产生潜在危害；即使投产时被认为是安全的菌种，由于生产厂家对菌种的管理不善，在长期的传代使用过程中菌种也会发生退化和变异，所以食品工业用菌种的安全性问题日益受到广泛的关注。另一方面，我国对食品工业用菌种的安全控制，从管理到技术支持均存在空白，缺乏相应的法规和管理措施。同时我国从事发酵行业的企业数量多，生产规模小，管理水平低，缺乏食品质量安全自控能力。这在很大程度上对我国发酵食品的食用安全造成潜在危害。

二、发酵食品原材料安全性问题

发酵食品原材料的安全性直接影响发酵制品的安全性，有的原材料本身就会对发酵产生或多或少的不良影响，比如，在发酵蔬菜中黄瓜花没有除去，它里面的某些酶就可能导致黄瓜变软。目前，发酵食品原材料存在的安全隐患主要有以下几个方面。

（一）兽药残留

动物性食品安全已成为全世界关注的焦点，其中兽药残留问题是影响动物性食品安全的最主要因素之一。例如，我国近年来的“瘦肉精”残留事件使上万人中毒。药物残留对人体健康的危害一般并不表现为急性毒性作用，但这种长期、低水平的接触方式可产生各种慢性、蓄积毒性，对人体健康的危害往往具有隐蔽性，更易造成实质性和难以逆转的危害，有的也可能引起变态反应。动物源性食品中药物残留的危害性主要表现在以下几个方面。

1. 发酵异常

动物性食品原料中药物残留，特别是抗生素的残留，可导致食品的发酵不能正常完成或出现异常发酵。如在发酵肉制品或酸奶生产中，应用的发酵剂是乳酸菌类，它们对抗生素具有高度的敏感性，如果原料肉或乳抗生素超标，食品发酵就不能正常完成。

2. 毒性作用

人长期摄入含兽药残留的动物性食品后，可造成药物蓄积，当达到一定浓度后，就会对人体产生毒性作用。如磺胺药物可引起泌尿系统损害，特别是在体内形成的乙酰化磺胺在酸性尿中溶解度很低，可在肾小管、肾盂、输尿管等处析出结晶，损害肾脏。由于兽药残留浓度一般很低，加上人们食用数量有限，急性中毒事件的发生相对很少，但少数药物如盐酸克伦特罗残留可引起人急性中毒。

3. 过敏反应

过敏反应是一种急性反应。一些抗菌药物如青霉素、链霉素、磺胺类药物、四环素及某些氨基糖苷类抗生素能使部分人发生过敏反应。过敏反应症状多种多样，轻者表现为麻疹、发热、关节肿痛及蜂窝织炎等；严重时可出现过敏性休克，甚至危及生命。非过敏体质者长期食用含以上残留食品者可产生菌株耐药作用。

4. 细菌耐药性

由于人们长期大量、不适当地使用抗生素添加剂，导致动物体内细菌耐药性不断增强，给畜禽疾病治疗带来了极大的困难。同时，这些耐药菌随着食物链进入人体，往往对人类医学上使用的同种或同类抗生素也产生耐药或交叉耐药，甚至可能出现抗生素无法控制人体细菌感染的情况。超级细菌的出现，就是人类泛滥使用抗生素的结果。

（二）农药残留

在农业生产中施用农药后一部分农药直接或间接残存于谷物、蔬菜、果品、畜产品、水产品以及土壤和水体中的现象。残留农药直接通过植物果实或水、大气到达人、畜体内，或通过环境、食物链最终传递给人、畜。施用农药超标的蔬菜、瓜果作为发酵原料，会极大地危害消费者的健康。

（三）食品添加剂

食品添加剂使用量很少，但添加剂的种类繁多，使用范围变得越来越广。食品添加剂对人体的潜在危害，一般要经过较长时间才能显漏出来，其毒性作用主要有致癌、致畸、致突变以及对脏器的直接损伤等。有的食品添加剂自身毒性虽低，但在体内转化、分解，或与食品成分相互作用，生成有毒物质；食品添加剂还具有叠加毒性。我国滥用食品添加剂的现象较为常见，因此食品添加剂的安全问题尤为突出。

（四）包装材料

发酵食品包装材料的安全性与食品安全有密切的关系，食品包装必须保证被包装食品的卫生安全，才能成为放心食品。食品包装材料及主要材质的安全性分析旨在帮助人们关注食品安全，增加食品包装企业的质量意识，提高消费者的鉴别能力。

三、发酵食品工艺安全性问题

（一）发酵方法的安全性影响

我国的大多数传统发酵制品以风味与口感见长。传统发酵食品在发酵形式上主要有液态发酵、固态发酵、自然发酵。在液态发酵中，大多都要求无菌操作，这是因为杂菌可以在含水量高的培养基中比主导发酵的微生物长得更好。而对于固态发酵来说，其发酵剂菌种一般可在含水量低的情况下快速生长，将固态发酵所用菌种接种到已灭菌的底物上，有利微生物的生长将优于杂菌，甚至可以排除杂菌的干扰。因此可以根据发酵方法，控制无菌操作程度，保证发酵食品的安全性。

（二）发酵生产环境的安全性影响

发酵过程中操作不当，造成不良微生物存在是最大的潜在不安全因素之一。泡菜制作工艺中，产品会变成粉红色，其原因是发酵过程中不良微生物如霉菌、酵母菌的危害。泡菜在发酵前没有洗干净，不良微生物存在多，潜在危害大。但是一般食源性致病菌可用巴氏消毒法、暴露在酸性环境下（$pH<4.0$）、降低水分活度、提高盐水浓度来控制其存活。但是盐的使用又会带来安全隐患。例如，肉类及其制品中检出亚硝基化合物较多，腌鱼中也有亚硝基化合物，这是因为采用了粗盐腌渍或以硝酸、亚硝酸盐作为保存剂。另外，发酵环境中一些金属元素也可能影响发酵食品的安全性。例如，有时泡菜会变暗或者失去好看的颜色，通常变色是由铁引起的，这种现象可能是安全的，但如果是铜或铅引起的，可能就是不安全的。

（三）发酵副产物的安全性影响

发酵过程中总会伴随一些副产物的产生，如酒的主要成分是乙醇，但酿制过程中也产生了甲醇和高级醇。甲醇损伤人的视觉神经，过量会使人双目失明甚至死亡，而高级醇同样会抑制人的神经系统，使人头痛或头晕。但酿酒过程中甲醇和高级醇的产生不可避免，按正规的生产过程进行操作，用反复蒸馏和提取的方法可以降低其他醇类的含量。但在实际生产中也难于避免，加之不良的生产操作、工艺不成熟等原因，将对人们造成危害。另外，含硝酸盐多的蔬菜在室温下长期保存，经过细菌及酶的作用可能会产生副产物亚硝酸盐，对人体产生危害，含硝酸盐高的蔬菜有甜菜、菠菜、芹菜、大白菜、萝卜、菜花、生菜等。

（四）发酵产品中的不良微生物带来的安全性影响

发酵过程中不同微生物进行生存竞争，而我们通常意义上的发酵食品指的是有益微生物对食品原料进行有益反应所得到的产品。但是不可能完全避免不良微生物的侵入，会导致发酵食品变质。例如，1994年，美国人发现发酵干香肠存在大肠杆菌O157：H7；丹贝在发酵过程中，如果表面没有真菌的菌丝体，并有不良气味且味道发甜，表明已经被有害微生物污染了，这样的发酵丹贝不能食用；酵母菌发酵而制成的果汁，如果其中存在不良气味和酸味就表明已被病原微生物污染，但是实际上在没有这样典型的理化性状表现出来之前，许多有害微生物就已经产生了。

第二节　发酵食品中有害微生物的控制——开放混菌体系

白酒、传统工艺黄酒、酱油、食醋等传统发酵食品或发酵酒类具有产品成分复杂、生产过程对风味控制要求高的特点。这些产品的酿造基本都是通过添加曲进行的开放式的自然发酵过程，具有多菌共生、酶系互补、简化工艺设备、克服中间生成物浓度过大的特点。开放式的混菌发酵体系有多种微生物参与物质代谢和转化，其中包括霉菌、酵母菌、乳酸菌和其他细菌等。这些微生物的种类、数量和相互作用关系，直接影响发酵产品成品的质量。同纯（单）菌株参与的发酵过程不同，混菌发酵体系中微生物的组成和数量都是随时间和环境条件而动态变化的，微生物组成与数量上的变化对发酵进程和发酵体系中物质组成与含量（微生物代谢产物）有着直接的影响。通过控制和改变发酵环境的理化因素可以在一定程度上控制某些微生物菌株的生长或消亡，但是控制作用的专一性不强，某一特定条件可能对整个微生物群落都有影响。如果将控制环境条件与群体微生物及其相互作用结合起来监控发酵过程和指导混菌发酵工艺的制定，可以在一定程度上起到控制有害微生物生长并维持混菌发酵过程的稳定性和一致性的效果。

一、发酵条件的控制

利用混菌体系生产的发酵食品虽然发酵工艺各异、原料不同，但是用于生产发酵食品的原料中都富含微生物生长所需的营养成分，制曲和发酵过程又都从环境体系中获得了各种微生物，所以通过控制微生物所需的营养成分来抑制其生长和繁殖难以达到控制有害微生物生长的目的。在食品发酵过程中可通过控制发酵体系pH值、水分活度、渗透压及发酵温度等发酵条件来控制有害微生物的生长。

（一）控制发酵体系pH值

环境体系适宜的pH值范围或最适pH值是各种微生物生长的必要条件之一。一般来说，大多数微生物在中性环境下生长良好，产酸菌和一些真菌可适应酸性生长环境，如酵母菌、霉菌可在低pH值下生长。但是当pH值在酸性环境下，虽然一些致病微生物的生长和繁殖受到抑制，但是也能够存活较长的时间。因此，控制环境pH值是一种抑制有害微生物生长的方法，当发酵体系在低pH值环境下保持时间较长时，体系中存在的一些有害微生物也可以被去除。控制食品发酵体系pH值的方法主要有酸化和特殊菌发酵等。

酸化即直接向低酸食品中加酸的过程。酸性食品和低酸食品的pH值分界点是4.6。天然酸性食品是指那些自然含酸的食品，大部分水果属于天然酸性食品。低酸食品还包括含蛋白质食品、各种蔬菜、淀粉质食品等。食品酸化的目标通常为将其pH值控制在4.6或者更低，经过酸化的食品统称为酸化食品。用于食品酸化的酸有很多种，包括醋酸、乳酸、柠檬酸等，可根据预期成品的特性选择使用。除了用酸来酸化食品外，也可采用添加天然酸性食品如番茄（作为配料）来制备低酸食品。根据食品酸化法规定，如果制成食品的pH值不同于酸性原料的pH值，则认为该食品是酸化的。例如，蔬菜一般为低酸食品，罐装番茄的pH值通常约为4.2，如制成品的pH值是4.5，说明食品已经酸化了。酸化食品的工艺设计者需根据食品和使用酸化原料的特性科学地设计加工过程，以保证酸化食品最终pH值低于4.6。为了使所有食品配料达到自然pH值平衡，对于较大颗粒食品的pH值平衡需要花费10天左右的时间，加工者需对每批制成品测试酸化平衡后产品的pH值。达到平衡pH值需时较长的产品在pH值平衡期间可能需要冷藏，以防止肉毒梭菌或其他病原体的生长。

特殊菌发酵是指通过使用某些无害的微生物如乳酸菌、酵母菌等，来促进食品特殊菌产生酸或乙醇。这样不仅可以赋予食品特定的品质以产生预期的味道或均匀的食品组织结构，还可以起到食品防腐的作用。葡萄酒和啤酒的生产，是以葡萄汁和麦芽汁为原料通过酵母菌发酵产生乙醇，乙醇不仅是这类产品的重要组分，也可以起到产品防腐的作用。泡菜、发酵香肠、奶酪、酸菜等食品的生产都有细菌发酵产生乳酸的过程参与了发酵食品的制作。通过细菌发酵产乳酸，不仅可以促进有益微生物生长，同时还阻止了有害微生物或无益杂菌的生长和存活。

（二）控制水分活度

培养体系的水分活度（A_W）也是影响微生物生长的重要环境因素。大多数微生物的生长都需要体系中含有一定的水分，酵母菌和霉菌及某些细菌可在低水分下生长。常见食品水分活度分类控制要求是：A_W值在0.85以上是水分较大的食品，要求冷藏或采取其他措施控制病原体生长；A_W值为0.6～0.85属于中等水分食品，虽不需要冷藏控制病原体，但为安全起见，还需要限制这类食品的货架期；A_W值在0.6以下的是低水分食品，具有较长的货架期，也不需要冷藏。

降低食品的水分活度还可以通过其他方式来实现。例如，酱油发酵的酱醪和果酱制备的酱体系是高水分体系，由于在发酵和生产过程中向体系中加入了盐或糖，它们可以结合体系中的水分，反而使该食品体系的水分活度降低，最终将体系中的水分活度控制在0.80左右，同样起到了抑制有害微生物或无益杂菌生长的效果。

（三）控制温度

温度是影响微生物生长的一个重要物理因素。虽然在食品发酵过程中为了保证生产菌株的物质代谢和发酵正常进行不能采用极高或极低的温度，但是在适当范围内对发酵体系温度的控制可以在一定程度上抑制某些有害微生物的生长。例如，在酱油发酵过程中，通过在发酵前期控制低温（15～16℃），可以显著减少由成曲带来的细菌总数，抑制由有害微生物代谢产生影响食品安全的有害物质。

二、有益优势菌群的强化

通过控制发酵食品体系的物理、化学条件来控制微生物的生长对混菌发酵体系微生物的影响是双重的：一方面控制不适合有害微生物的培养条件可以抑制有害微生物生长及其代谢；另一方面控制培养条件对混菌发酵体系中的生产菌株和有益微生物的生长与代谢也是有影响的。在混菌发酵体系中，微生物之间的关系既有相互促进也有相互竞争和制约。利用微生物之间的拮抗、抑制和竞争关系，在混菌发酵体系中强化某类菌，也可能实现对有害微生物的抑制和减少有害物质的产生。

通过向混菌发酵体系添加具有生长优势且能抑制有害微生物生长的细菌，可以有效地起到抑制有害微生物增殖或减少有害物质积累的目的。有研究者从日式酱油的酱醪中筛选到一株可在高盐条件下降解氨基甲酸乙酯前体瓜氨酸的嗜盐四联球菌，通过选择适宜的添加方式，在酱油发酵过程中强化这类可以减少发酵食品中有害或可致癌物质及其前体的菌株，也可以实现有效控制或减少酱油中的瓜氨酸。

如果某个特定食品混菌发酵体系的发酵机理是明确的，并且这类混菌发酵体系主要是一种菌或几种菌起主要发酵作用的，就可以采用直投发酵剂即直接强化主要生产菌株的方法进行食品发酵。采用直投发酵剂生产发酵食品的本质是在食品发酵过程中对有益或优势菌群的强化。目前，国内外已有较多企业采用直投发酵剂用于蔬菜、乳制品、肉类等食品的发酵法生产，这种做法不仅有效地控制了杂菌和有害菌的生长，还显著缩短了发酵周期。

三、微生物复杂相互作用解析与应用

传统食品发酵混菌体系一般是在特定的环境下，由一种或多种微生物所构成的特殊的生态环境。在相对开放的发酵条件下，微生物由环境和原料进入发酵醪液或固态醅中，在发酵过程中与曲中的微生物互生、交替、平衡、制约、酶系互补，代谢产生多种风味和营养物质。因此，微生物被称为发酵食品的“灵魂”，与发酵食品的风味密切相关。在食品发酵过程中，由微生物生长和代谢过程所产生的大量的生物活性物质还能为发酵产品增加独特的保健和营养功能，使其成为功能性的发酵食品。下面以传统发酵食品为例，阐述在发酵过程中微生物之间的相互作用。

（一）酒类酿造过程中的微生物及其代谢作用

与白酒发酵相关的微生物主要来源于酒曲中的微生物。酒曲中的微生物菌群主要包括霉菌、酵母菌和放线菌等。霉菌中的曲霉和根霉因具有较高的糖化能力，在白酒发酵过程中主要起糖化作用。扣囊复膜孢酵母和酿酒酵母是白酒酒曲中的优势酵母菌。其中扣囊覆膜孢酵母（*Saccharomycopsis fibuligera*）能够产淀粉酶、酸性蛋白酶及β-糖苷酶，可以对原料中的高分子有机物进行分解，释放出可供其他微生物利用的营养物质。酿酒酵母主要是通过厌氧发酵产生乙醇，是白酒组分乙醇的主要产生菌之一。酒曲中含有的其他非酿酒酵母可以分泌酯酶，具有较强的酯合成能力，对白酒发酵后期的酯类合成和增香具有重要的作用。芽孢杆菌是酒曲细菌中的优势菌属，它们可利用淀粉、蛋白质等大分子物质，代谢产酸、产香。

黄酒是具有中国传统特色的发酵酒。黄酒发酵醪液微生物种群中的酵母菌包括酿酒酵母、扣囊覆膜孢酵母和异常汉逊酵母。其中酿酒酵母是黄酒发酵中最主要的产酒精酵母，扣囊覆膜孢酵母和异常汉逊酵母为产香酵母，是黄酒发酵产香的重要菌种。此外，在黄酒发酵过程中，由于酿酒酵母对偏好型氮源具有优先利用的选择性，使得它利用发酵体系中的精氨酸后会造成细胞外发酵体系中尿素的积累。尿素是可致癌物质氨基甲酸乙酯的前体，与乙醇反应后可生成氨基甲酸乙酯，因此，尿素含量较高时可能会给黄酒的安全性带来隐患。

（二）酱油发酵过程中的微生物及其代谢作用

制曲是酱油酿制的关键步骤，成曲中的微生物及其分泌的胞外酶对食品后续发酵过程中风味形成、营养成分变化及功能因子形成等有重要影响。酱油成曲中主要的微生物是米曲霉，也含有酵母菌和乳酸菌。乳酸菌和酵母菌在酱油的发酵过程中也发挥着重要作用。酱油发酵进入盐水发酵阶段后酱醪中含有的乳酸菌以耐盐或嗜盐的乳酸菌为主，这些乳酸菌包括魏斯氏菌（*Weissella*）、足球菌（*Pediococcus*）、四联球菌（*Tetragenococcus*）和乳杆菌（*Lactobacillus*）等菌属的菌株。酱油盐水发酵阶段前期的特征是乳酸菌产乳酸，因此这一时期又称为乳酸发酵时期。在酱油乳酸发酵时期，嗜盐的乳酸菌通过产生乳酸使酱醪酸化，一方面可以抑制杂菌的生长并促进在低pH值下生长较好的酵母菌的生长，另一方面有利于形成特殊风味。用于酱油酿造的原料富含蛋白质，在发酵过程中蛋白质被逐渐水解并向酱醪中释放各种游离氨基酸，精氨酸可以被酱醪中的乳酸菌和其他细菌利用，通过精氨酸脱亚胺酶途径在特定条件下被转化成氨基甲酸乙酯的前体瓜氨酸并积累下来。

酱醪中存在的酵母菌一般是耐高渗透压和耐盐性强的酵母，如鲁氏接合酵母和嗜盐球拟酵母等，它们对酱油香气和风味的形成影响很大。耐盐酵母菌在酱油发酵过程中，当环境因素达到其生长要求后可迅速增殖，并且能够进行酒精发酵，其生成的一些醇类物质增加了酱油的风味。

第三节　发酵食品生物危害物合成途径的阻断与抑制

发酵食品或酿造酒精饮品生产过程中生物危害物的产生与生产原料特性及微生物的物质代谢密切相关。为保障发酵食品的正常生产，现行发酵工艺很难改变或大幅调整，因此依靠改进和调整发酵工艺对生物危害物的控制和消除是非常有限的。采用生物技术和基因工程手段，在明确生物危害物及其前体形成途径和产物积累调控机制的基础上，通过对主要生产菌株进行靶向性选育、驯化或改造，或对微生物群落进行干预，有望实现对生物危害物的有效控制和消除。对混菌发酵体系生物危害物合成途径的阻断与抑制，需要对微生物组成和群体微生物关键物质代谢途径进行深入剖析，确定合适的通过微生物干预的方法调控特定物质代谢。如果食品发酵过程的主要生产菌株的物质代谢与生物危害物的形成直接相关，则可以直接对生产菌株相应物质合成途径进行阻断和抑制。以酿酒酵母生产黄酒的发酵过程为例，通过基于代谢工程和合成生物学的方法，在减少氨基甲酸乙酯及其前体形成的方面已取得了较好的成效。

通过对酿酒酵母N85菌株偏好型氮源的研究，在众多的氮源中寻找到了七种偏好型氮源，并从中发现了可造成菌株黄酒发酵过程中尿素积累的三种关键氮源：谷氨酰胺、谷氨酸和精氨酸。在此基础上结合定量PCR分析手段，提出了偏好型氮源对酿酒酵母N85尿素代谢产生抑制作用的机理：在培养基中添加谷氨酰胺的情况下，酿酒酵母N85菌株尿素代谢和转运基因（DUR1,2和DUR3）的表达分别下调了18.7倍和9.7倍；而在添加谷氨酸的情况下，DUR1,2和DUR3基因的表达则只下调了3.4倍和2.3倍，如图4-2所示。

通过研究发现，在酿酒酵母模式菌株*S.cerevisiae* CEN.PK2-1C中敲除Ure2p之后，DUR1,2和DUR3的表达量分别提高了10.9倍和5.3倍。采用共表达*Gln3p*和*Gat1p*的改造策略可对酿酒酵母N85菌株非偏好型氮源的利用产生影响。在谷氨酰胺存在的情况下，改造后的基因工程菌株对尿素、尿囊素和脯氨酸的利用能力大幅提高，而对精氨酸和γ-氨基丁酸（GABA）的利用率没有发生较大改变，如图4-3所示。改造后的*S.cerevisiae* N85菌株在黄酒发酵过程中的尿素积累量和氨基甲酸乙酯产生量都大幅下降（分别降低了63%和72%），但发酵性能并未发生显著改变。说明所采用的代谢改造策略不仅有效，而且适合真实的黄酒生产。

第四节　基因工程微生物应用于发酵食品生产的安全性与政策

基因改造生物或基因工程菌在食品领域的应用一直是被广泛讨论的社会问题，多数食品的加工与生产不允许使用基因工程菌。经过基因重组的菌株和质粒一旦用于工业化生产，就不可避免地进入自然界。因此，在食品工业生产中使用基因工程菌可能带来间接危害人体健康和污染环境等潜在危害。通过自然育种方式获得的菌株在进行稳定性和安全性评估后在发酵食品生产中具有良好的应用前景。

一、使用基因工程微生物的安全隐患

（一）转基因技术本身不足

用基因工程技术改造用于发酵食品生产的微生物菌株，可能存在的问题有：基因供体和受体两者的安全性对生产的食品有影响；转移基因DNA结构不稳定会影响性状的表达，可能产生不需要的性状或有毒产物；载体的选择及使用具有抗生素耐药性的选择性标识基因可能会对人体产生影响。

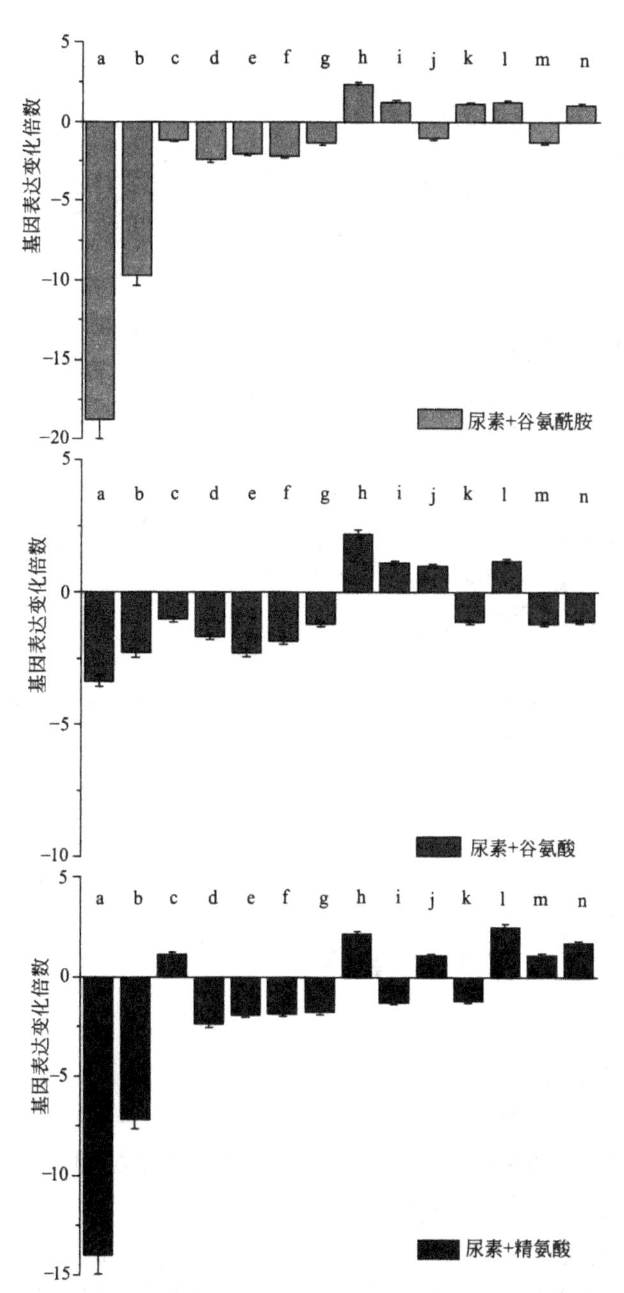

图4-2 谷氨酸、谷氨酰胺和精氨酸对*S.cevevisiae* N85尿素代谢相关基因表达的影响

a—DUR1，2；b—DUR3；c—*GLN*3；d—GAT1；e—GZF3；f—*DAL*80；g—*URE*2；h—TOR1；i—TOR2；j—MKS1；k—DAL81；l—DAL82；m—NPR1；n—NPR2

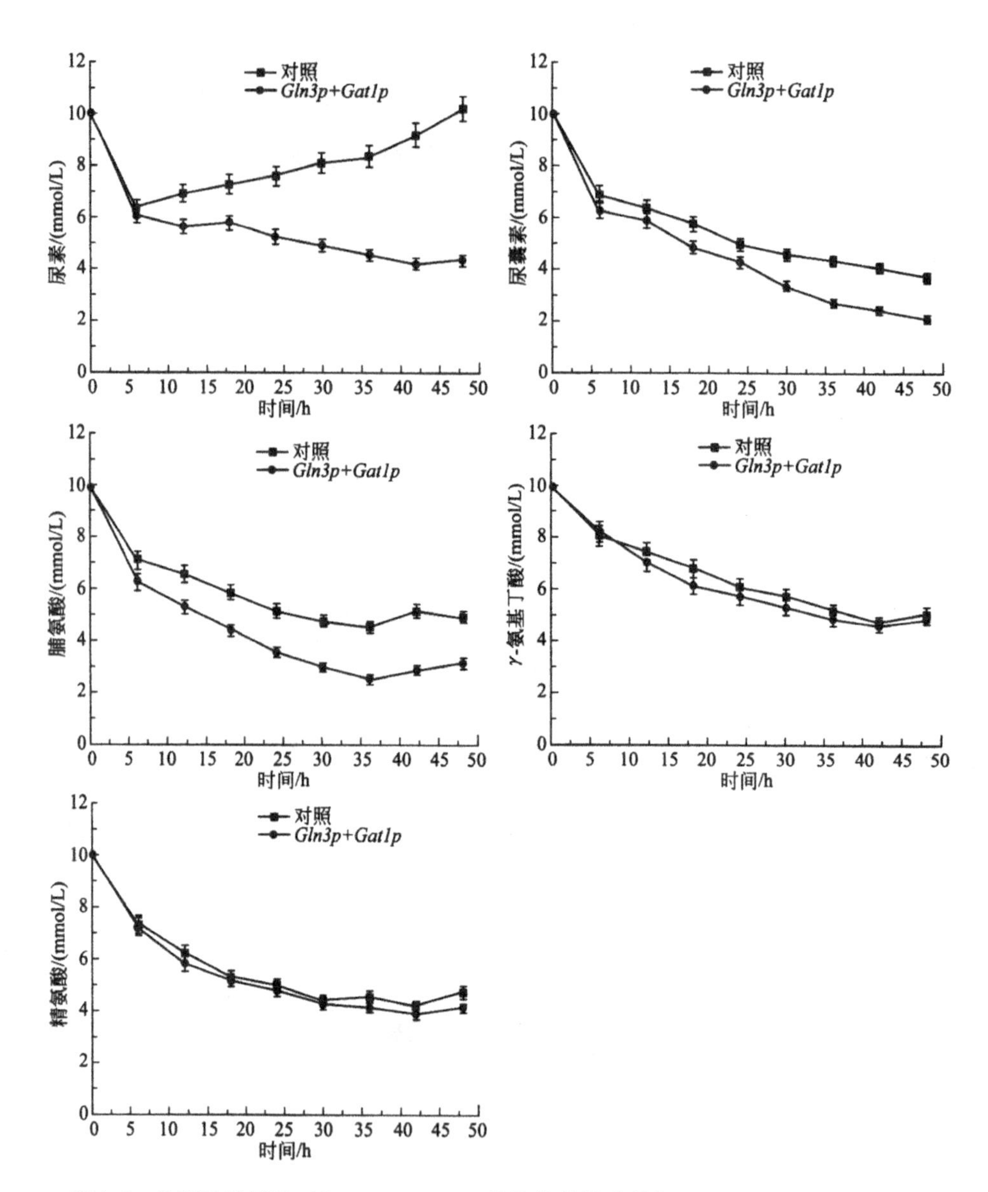

图4-3 代谢改造策略对*S.cerevisiae* N85单倍体菌株非偏好型氮源代谢的影响对照

（二）外源基因及编码产物的安全性

世界卫生组织（WHO）和美国食品与药品管理局（FDA）认为，转基因食品中的DNA绝大部分被降解并在胃肠中失活，极小部分的有活性的DNA要整合进入受体细胞，也是一个非常复杂的过程，需要特定的选择环境，合适的调控系统，受体细胞要成感受态，而且对同源性有一定要求。1993年，WHO研讨会宣布，尚没有从植物转至肠道微生物的证据，也无人类胃肠系统中细菌被转化的报告。一般需要考虑的是外源基因编码蛋白质的过敏性，如果外源基因来自已知的过敏源，其编码的蛋白质可能被食用，必须确定该基因是否编码过敏源。

（三）对生态环境的影响

重新组合一种在自然界尚未发现的生物性状有可能给现有的生态环境带来不良影响。研究人员在1999年的实验中列举了基因工程微生物释放到环境中将如何导致广泛的生态破坏。克氏杆菌是一种能发酵乳糖的常见土壤细菌，研究人员构建的克氏杆菌的基因工程菌已成功用于将农业废物转化为高乙醇含量的浓缩物，以改良土壤。但是，物极必反，一些基因工程菌在某些条件下，导致土壤生物发生变化，进而影响到植物生长和营养循环过程。例如，当把克氏杆菌的基因工程菌株与砂土和小麦作物加入微观体系中时，喂食线虫类生物的细菌和真菌数量明显增加，导致植物死亡。

二、食品中重组DNA或菌株使用安全准则

2001年1月29日，《生物多样性公约》缔约国通过了《卡塔赫纳生物安全协议》，这一基因工程生物的安全预防原则将严格的知情同意程序即审批制度用于有意引入环境的转基因农产品。根据协议，如果缺乏科学定论，缔约方可限制或禁止转基因生物的进口，以避免或使生物多样性及人类健康的不利影响降到最低（WHO，2002）。联合国粮农组织和世界卫生组织在2004年制定的食品法典《生物技术食品》中的《重组DNA微生物食品安全评估准则》（CAC/GL46-2003）部分对基因工程微生物的安全评估也给出了详细的评估标准（CAC，2004）。

根据美国国立卫生研究院（NIH）“重组DNA研究的安全准则”，在DNA重组实验中，除了使用“安全”的寄主细菌外，还必须使用“安全”的质粒载体。“安全”质粒的最重要特征是失去了可转移的能力。用转基因微生物生产的食品，必须进行消费安全性评价，一般要考虑以下问题：

（1）使用的微生物菌株是安全（Generally Recognized As Safe，GRAS）菌株，可以实现食品级培养和应用。

（2）导入微生物的外源目标基因本身编码的产物是安全的，不会对人类产生毒性作用。

（3）外源目标基因是稳定的，在新的生理条件下和基因环境里，导入的外源基因不会产生对人体健康有害的突变。

（4）对微生物菌株进行基因改造的方法是安全的，使用的载体是安全的，采用的选择性标记和报告基因是安全的和食品级的，不使用抗生素作

为选择标记基因，避免使用病毒作为基因载体。

（5）外源基因导入后不会诱导受体生物产生新的有害遗传性状或不利于健康的成分。

第五节　发酵食品生产环境污染治理

发酵食品工业中的废渣主要是生产过程中产生的各种生物物质及循环使用多次的微生物发酵液。如果直接排放，一是造成废渣中有效物质浪费，二是不经处理的微生物发酵液会对环境造成一定污染。由于技术落后，使得本来就很严重的环境污染变得更加突出。食品工业对环境造成的污染最为严重的是废水，它的特点是固体杂质多，有机物含量高，BOD（生化需氧量）、COD（化学需氧量）值高等特点，如果不经处理直接排放会对天然水质造成极大的污染。

一、发酵食品工业废渣的综合利用与处理

发酵食品工业中的废渣主要是各种酒厂、淀粉厂、味精厂、屠宰场等生产过程中产生的，大部分都是无害的、无毒的，一般可以直接作为家禽的饲料，也可以作为固体发酵产品或单细胞蛋白的生产原料。治理废渣首先是改革工艺过程，选用不产生或少产生废渣的原料、燃料，改进工艺设备，尽量减少废渣的产生。其次对废渣尽量回收利用，从废渣中提取有用的物质，利用废渣制造副产品，变废为宝。最后对回收利用后剩余的残渣进行最终处理（如作为肥料、填埋等）。

废渣综合利用的主要途径：酒糟、麦糟、薯渣、菌丝渣等废渣，可直接作为饲料出售或经进一步加工成精饲料，如糖蜜酒糟生产白地霉，淀粉质原料酒糟生产饲料酵母，从糖蜜酒糟中提取甘油等；白酒酿造后的酒糟可以干燥后作为动物饲料的配料，也可以作为食用菌或农业生产的肥料；发酵肉制品企业的废弃物可以经过干燥处理，然后粉碎作为饲料或肥料。啤酒酿造的酵母泥，可以提取维生素等营养物质，然后再干燥处理作为肥料；柠檬酸、氨基酸、味精等发酵的废菌渣，经过洗涤、干燥后可以制作各种饲料添加剂；可以作为能源物质利用。

1. 啤酒发酵食品工业中废渣的利用与处理

啤酒生产中产生大量的酵母，一个年产量为5万t的啤酒厂一年所产生的

废酵母泥约为1000t。随着啤酒产量的提高，废酵母排放量也在增加。许多啤酒厂将废酵母排掉，不但污染了环境，也造成了资源的浪费。啤酒废酵母中含有丰富的蛋白质、维生素、矿物质等多种营养成分，因此啤酒废酵母粉作为人类食品和家畜饲料添加剂都具有很高的营养价值。

用啤酒废酵母制取超鲜调味剂为啤酒酵母泥的综合利用开辟了新的途径。传统工艺用豆粕酿造酱油，产品中只含有十几种氨基酸，而用啤酒废酵母泥作为原料研制酿造出的酱油可含有30多种氨基酸和维生素。该酱油采用生物技术，结合物理方法使酵母细胞壁破裂，将酵母菌中含有的蛋白质、核酸水解转化为氨基酸和呈味核苷酸，然后提取水解产物制成富含多种氨基酸、呈味核苷酸和维生素B等物质，营养丰富，色、香、味俱佳的调味酱油。

2. 葡萄酒生产中的废渣葡萄籽的利用

可以利用先进的生物提取技术提取有高附加值的葡萄籽油；废渣葡萄皮可以提取有效附加值的低聚原花青素等。

随着生物技术的发展，对工业废渣、废液的综合利用会更好，处理会更彻底，产生更高的经济效益、环境效益和社会效益。

二、发酵食品工业废水的综合利用与处理

（一）废水的处理方法

发酵工业产生的废水量大、成分复杂，排放之前必须进行处理。对于废水的处理，首先要以防为主，采取措施把污染尽可能减少在工艺生产过程中，主要采取以下三种措施：

（1）节约用水，提高水的循环利用率。

（2）改进生产工艺，尽量减少生产过程中废液的排放量。

（3）对所产生的废水，要设计废水处理站进行处理。

废水处理方法按处理原理可分为物理处理法、化学或物理化学处理法和生物处理法三大类。

1. 物理处理法

此方法主要是利用物理作用分离废水中呈悬浮状态的污染物质，在处理过程中不改变污染物的化学性质。常用格栅、筛网、砂滤等方法截留各类漂浮物、悬浮物等；利用沉淀、气浮和离心等方法分离比重不同的污染物质等。

2. 化学或物理化学处理法

此方法是利用化学反应的作用，通过改变污染物的性质，降低其危害

性或使其有利于污染物的分离与除去。包括向废水中投加各类絮凝剂，使之与水中的污染物发生化学反应，生成不溶于水或难溶于水的化合物，析出沉淀，使废水得到净化的化学沉淀法；利用中和作用处理酸性或碱性废水的中和法；利用液氮、臭氧等强氧化剂，氧化分解废水中污染物的化学氧化法；利用电解的原理，在阴阳两极分别发生氧化和还原反应，使水质达到净化的电解法等。

3. 生物处理法

此方法也称为生物化学处理法，简称生化处理法。生化处理法是处理废水中应用最久、最广和比较有效的一种方法，它是利用自然界中存在的各种微生物，将废水中的污染物进行分解和转化，达到净化的目的。污染物经生化处理法处理后可彻底消除其对环境的污染和危害。利用微生物的新陈代谢作用，将污水中的溶解性的、胶体状态的有机污染物转化为无害物质或将其稳定化。生化处理法主要可分为两大类：一类是好氧生物处理法，即好氧微生物在有氧环境中利用碳氧化或氮氧化作用将水中的碳、氮等进行无害化处理或稳定化处理，主要工艺有活性污泥法和生物膜法两种；另一类是厌氧生物处理法，即在厌氧状态下，厌氧微生物将水中的碳、氮、磷等进行无害化处理，多用于高浓度有机污水和污水处理过程中产生污泥的处理，随着对该法研究的深入，现在也可以用于处理城市污水和低浓度有机污水。

随着水污染控制工作者不断研究，现已开发出了越来越多的处理新工艺。一方面可以提高工艺的处理效果，另一方面可以针对不同性质的污水进行处理，以达到高效净化的目的。在活性污泥法中，有普通活性污泥法、序批式活性污泥法（SBR法）、AR法、氧化沟法等污水处理工艺。生物膜法有生物滤池、生物转盘、生物接触氧化池、生物流化床和曝气生物滤池等。厌氧生物处理法具有代表性的是厌氧生物滤池、厌氧接触法、上流式厌氧污泥床反应器、分段厌氧消化法等。

（二）发酵食品生产过程中的废水处理及利用

1. 味精废水处理

目前流行的味精生产工艺是以淀粉质为原料，通过发酵法进行生产。淀粉质原料水解为葡萄糖，以谷氨酸发酵菌发酵生产谷氨酸，再经碱中和得谷氨酸钠结晶。其生产废水主要来自浸泡、过滤、发酵、离子交换四道工序。

味精废水是有机物浓度很高的酸性废水，且BOD_5（5日生化需氧量）与COD比值较高，一般可采取生物技术进行处理。但由于生产工艺不同，有些工业废水含有很高的硫酸根，虽然硫酸根本身是无毒的，但众多的研究表明硫酸根是生物技术处理过程中的不利因素。味精废水中的硫酸根主要来自离子交换工序，而离子交换尾液的COD浓度是其他工序外排废水COD浓度的数十倍，因此味精废水处理的关键是离子交换废水的治理。如莲花味之素有限公司利用离子交换尾液生产的液肥含有有机质41%～45%、氮13%～14%、钾0.42%，是改善土壤有机质的较好肥料。其不仅对改善土壤有利，而且可以把谷氨酸生产过程中产生的主要污染物“吃干吃尽”，是一条较好的污染治理途径。

2. 啤酒废水处理

啤酒废水主要来源于麦芽制作、酿酒与发酵、包装三道工序，其主要成分有：糖类、果胶、发酵残渣、蛋白化合物、包装车间的有机物和少量无机盐类等。啤酒废水的主要特点是BOD_5/COD值较高，一般在0.45以上，非常有利于生化处理法处理。生化处理法与普通化处理法相比，具有处理效率高（COD、BOD_5的去除效率一般为80%～90%），并且成本低的特点。因此，生化处理法在啤酒废水处理中得到充分的重视和广泛的应用。

该工艺的特点是：①不设初沉池，利用细格栅起初步固液分离作用；②酸化池中不加填料；③选用加药反应气浮池，对悬浮物的去除效率高，可去除80%～90%，而一般沉淀池仅为40%左右；④HRT（水力停留时间）小，气浮池的HRT约为30min，而其他沉淀池的HRT为1.2～2.0h，因此，气浮池占地面积小；⑤该工艺设备投资相对较大，并且存在着操作管理复杂的问题。

3. 发酵肉类废水处理

肉类加工厂是屠宰和加工猪、牛、羊等牲畜和家禽，生产肉类食品和副食品的工厂。肉类加工生产中，要排除大量血污、油脂、油块、毛、肉屑、内脏杂物、未消化的饲料和粪便等，废水的排放量逐年增加，废水中还含有大量与人体健康有关的微生物。肉类加工废水如不经处理直接排放，会对周围环境和人畜健康造成严重危害。

肉类加工废水中还含有大量的以固态或者溶解态存在的蛋白质、脂肪和碳水化合物等，它们使肉类加工废水表现出很高的BOD_5、COD、SS、油脂和色度等。生物处理工艺采用的应是主体工艺。另外，筛除、调节、撇除、沉淀、气浮和絮凝等方法也常常与生物处理工艺结合使用，作为生物处理工艺前的预处理。当需要深度处理时，要采用吸附、反渗透、离子交换、电渗析等方法。目前，发酵肉类工业废水使用生物处理工艺有：①氧化沟工艺；②浅层曝气工艺；③厌氧塘。其中以活性污泥的浅层曝气工艺效果最佳。

4. 酒糟废水处理

酒糟废水是一种高浓度、高温度、高悬浮物的有机废水。废水中主要含有残余淀粉、粗蛋白、纤维素、各种无机盐及菌蛋白等物质。酒糟废水处理包括以下三个方面：

（1）酒糟废水经调节池调节水质、水量后，用提升泵提升到固液分离机，将槽渣分离出来；滤液在加碱中和池中和后，由潜污泵提升至升流式厌氧污泥床；经厌氧处理后消化液经混凝沉淀处理，其上清液进入生物接触氧化池进行生化处理；最后经气浮处理达标后排放。

（2）污泥处置酒糟经固液分离后，糟渣可作为饲料出售，沉淀池和气浮池的污泥经浓缩后运出场外。

（3）沼气利用：由升流式厌氧污泥床产生的沼气经过稳压气罩、水封罐、阻火器等进入相应管路系统的锅炉中燃烧。

三、发酵工业清洁生产

1. 清洁生产的定义

联合国环境规划署总结了各国开展的污染预防活动，在加以分析后提出了清洁生产的定义，得到了国际社会的普遍认可和接受。其定义为：清洁生产是一种新的创造性思想，该思想将整体预防的环境战略持续应用于生产过程、产品和服务中，以增加生态效率和减少人类及环境的风险。具体包含以下内容：①对生产过程，要求节约原材料和能源，淘汰有毒原材料，减少、降低所有废弃物的数量和毒性；②对产品，要求减少从原材料利用到产品最终处置的全周期的不利影响；③对服务，要求将环境因素纳入设计和所提供的服务中。

2. 发酵行业开展清洁生产的重要意义

现代发酵工业以大规模的液体深层发酵为主要特征。一家发酵工厂日产发酵液有几百吨甚至几千吨，而产品在发酵液中含量大都在10%以下，许多高价值或大分子产品浓度更低，有的甚至低于1%，所以发酵过程中不可避免地产生了大量有机废液。按目前情况来看，生产1t产品要排放15～20t高浓度有机废水（COD通常在5×10^4mg/L以上），因而大量的发酵废液如果没有切实可行的、经济效益和环境效益俱佳的先进技术进行处理的话，必然给环境造成严重污染。

发酵工业的废水污染源主要是高浓度有机废水，如味精生产中的等电结晶母液、酒精生产中的蒸馏废液、柠檬酸发酵液中的废糖水等。这些高浓度有机废水有以下一些共同特点：一是浓度高，COD通常在

（4～8）$\times 10^4$mg/L；二是排放量大，每吨产品一般在15～20m^3/t；三是无毒且富含营养物质，如味精生产中的等电母液COD为（5～8）$\times 10^4$mg/L，固形物含量8%～10%，母液中谷氨酸含量1.2%～1.5%、硫酸根含量3.5%～4.0%、菌体蛋白含量1.0%、铵根含量1.0%以及其他一些氨基酸、有机酸、残糖和无机盐等。这些物质都是宝贵的资源、流入江河则造成水体的富营养化，给环境造成很大的危害。若能综合利用，不仅能消除污染，还能获得巨大的经济效益。

大量研究证明，实施清洁生产可以节约资源、削减污染、降低污染治理设施的建设和运行费用、提高企业经济效益和竞争能力；实施清洁生产，可以将污染物消除在源头和生产过程中，可以有效地解决污染转移问题；可以挽救一大批因污染严重而濒临关闭的发酵工厂，缓解就业压力和矛盾；还可以从根本上减轻因经济快速发展给环境造成的巨大压力，降低生产活动对环境的破坏，实现经济发展和环境保护的“双赢”，并为探索和发展“循环经济”奠定良好的基础。

第五章
发酵食品与健康

本章对酵素的来源、功效等进行了简单的介绍，重点内容是酵素的功效，分别从儿童、女性、男性和老人等方面进行介绍，还对其混合功效进行了简单介绍。

第一节 食品发酵中的酵素来源与生命原动力

一、酵素——生命原动力

酵素实际上就是酶。酵素可以影响人体的新陈代谢、机体各种功能以及生命活动。可以说，没有酵素，我们就无法活动。从这个角度来说，酵素就是我们生命的原动力。

人体获得酵素有两种方式：一种是人体中本身存在的潜藏酵素；另一种是通过饮食从外部摄取的食物酵素。人体中潜藏酵素的数量是一定的，而且无时无刻不在消耗它，当消耗一定量时就不能及时维持人体各项生理功能的正常运作。所以我们必须通过食用酵素，来弥补身体中酵素的缺失。

不仅是人类，酵素是每个生命体最基本、最重要的分子。没有酵素，就没有生命。身体中酵素的多少与质量的好坏，影响着人体的青春、健康、老化等一系列问题。酵素不仅是一种营养素，同时它还能帮助其他营养素分解、消化、吸收。可以说，没有了酵素，其他营养素都会英雄无用武之地。酵素具有消炎抗菌的作用，有感冒、发烧、喉咙发炎等症状的病人服用后，可以减轻症状甚至痊愈。

长期服食酵素，还可以帮助人体增加气血，提高自身免疫力，进而改善体质。酵素对人体各大器官都有帮助，比如，肠胃功能虚弱的人，有肚子容易胀气、胃酸过多等一系列症状，长期食用酵素可以改善肠道微生物菌群，也可以中和胃酸，减少胃部刺激。对于由于新陈代谢迟缓而引起肥胖症的患者，酵素可以活化细胞，促进新陈代谢，从而达到减肥的功效。肝功能欠佳及经常疲劳的人，服用酵素还可以起到固肝的功效。还有一些酵素可以为癌症患者提供服务，帮助调整疾病体质。

酵素有诸多的好处，不同的酵素对不同的体质有不同的功效。对症用酵素，根据不同体质补充相应缺少或特别需要的酵素。本章分别介绍儿童、老人、男性和女性这四类人群常用的酵素制作方法，指导对应人群及时补充身体所缺少的酵素，针对个人体质服食营养酵素，让生命重新焕发活力。

二、酵素的来源

我们知道“酵素”其实就是酶，那么酶来自哪里？酶（Enzyme），希腊语中意为“存在于酵母中”。也就是说，在酵母中能寻找到这种物质。但我们也要知道酶并不等同于酵母，只能说自然界所有生物体中，单位体积的酵母含酶的种类和数量最丰富。

既然酵母中含有酶，那我们是不是可以通过发酵来获得酵素呢？答案是肯定的。酵素不仅存在于人体中，其他如谷物、水果、蔬菜和肉类等食物中也包含着各种不同种类的酵素。所以我们可以通过其他蔬果、谷类的发酵来获取酵素。

酵素同时也是一种蛋白质，它和其他蛋白质一样，容易受到温度、酸碱度及离子环境等的影响。通常情况下，酵素在低温状态下比较稳定，因此，酵素通常通过冷冻、干燥粉末来保存。酵素的活性是代表酵素质量好坏的重要标志。大部分酵素在35～45℃时，机能最活跃。通常，在50℃左右时，酵素的活性就开始下降，温度越高，酵素的活性就越低。等温度达到100℃时，所有酵素都会失去活性。所以，补充酵素时要特别注意温度的问题。

大多数现代人不了解怎么更好地保存酵素，容易在烹饪过程中将食材中包含的酵素破坏掉。而现代工业生产的酵素产品添加了各种不合格的添加剂，使消费者心存不安。解决这种问题的对策就是，自己动手将富含酵素的食材通过发酵等步骤制造出酵素发酵液，然后在日常生活中饮食服用。

第二节　食品发酵酵素对不同人群的功效

一、儿童

作为家庭中最需要被呵护的成员之一——儿童，其健康需要格外用心维护。他们处于人生中关键的生长发育阶段，需要补充相应的酵素来促进身体的高效运转。本节精选了12种最适合儿童食用的酵素制作方法，可以给儿童最贴心的保护。

（一）油菜酵素

油菜的营养成分含量及食疗价值可称得上蔬菜中的佼佼者。油菜中含有丰富的钙、铁和胡萝卜素，特别是维生素C的含量非常丰富，是人体黏膜维持生长的重要营养源，可以补充生命活力，对于抵御皮肤过度角化也大有好处，处于生长发育期的小儿童应该多食用。此外，油菜还有促进血液循环、散血消肿的作用。

（二）芹菜酵素

芹菜富含蛋白质、碳水化合物和胡萝卜素，同时还含有儿童生长需要的B族维生素、钙、磷、铁和钠等。芹菜还含有非常丰富的膳食纤维，很适合儿童食用。睡眠不好的朋友也可以多食用芹菜，以缓解失眠。常吃芹菜叶，在预防高血压、动脉硬化方面也十分有益。

（三）草莓酵素

草莓含有丰富的维生素C，有很好的助消化功效。多食用草莓还可以巩固齿龈，清新口气。春季时，幼儿容易肝火旺盛，这个时候多吃点草莓可以起到去火气的作用。草莓中还含有丰富的氨基酸和果酸，这些营养元素对大脑的生长发育有很好的促进作用。

（四）苹果酵素

苹果中营养成分可溶性大，苹果中的营养元素很容易被人体吸收，因此有“活水”之称。多吃苹果还可以使皮肤润滑柔嫩，苹果中含有的铜、碘、锰、锌、钾等元素会使干燥、易裂的皮肤焕发光彩。另外，把苹果敷在黑眼圈的地方，有助于消除黑眼圈。

（五）柿子酵素

柿子营养价值很高，所含维生素和糖分比一般水果高1～2倍。儿童每天吃1个柿子，所摄取的维生素C基本上就能满足一天需求量的一半。柿子还含有丰富的胡萝卜素、维生素等微量元素，可以起到清热生津、健脾益胃、生津润肠等多种功效。

（六）石榴酵素

石榴果实营养丰富，含有人体所需的多种营养成分，对儿童补充生命活力很有用。丰富的维生素C及B族维生素，可以有效保护眼睛。有机酸、蛋白质，以及钙、磷、钾等矿物质，可以起到很好的抵抗细菌和病菌的效果。此外，石榴还有止血、明目的功能，想美容养颜也可以多吃石榴。

（七）橘子酵素

橘子酸甜可口，营养也十分丰富，一个橘子就几乎能满足儿童一天所需的维生素C的含量。橘子中含有170余种植物化合物和60余种黄酮类化合物，大多数物质均是天然抗氧化剂，可以帮助儿童开胃、增进食欲，其止咳润肺的功效也很显著。

（八）卷心菜酵素

卷心菜富含叶酸，对预防儿童贫血有较好的效果。在提高人体免疫力，预防感冒上的功效也很显著。卷心菜维生素的含量非常高，可以有效缓解咽喉疼痛、外伤肿痛、胃痛等。卷心菜的热量很低，很适合用于制作减肥食物。此外，卷心菜的抗癌作用也很突出。

（九）菠萝酵素

菠萝是夏天医食兼优的时令佳果，清暑解渴、消食止泻、养颜瘦身等功效非常好。儿童吃过肉类及油腻食物之后，吃些菠萝可以促进消化，预防脂肪沉积。菠萝中所含的糖，由于纤维素的作用，对便秘治疗也有一定疗效。

（十）胡萝卜酵素

胡萝卜营养价值很高，做成胡萝卜酵素更受儿童欢迎。胡萝卜富含葡萄糖、钾、钙、磷等，所含的胡萝卜素食用后经消化可分解成维生素A，有防止夜盲症和呼吸道疾病的作用，可以促进儿童生长发育。胡萝卜还有助消化、降血压、强心和抗过敏的作用。

（十一）红心柚酵素

红心柚又称血柚，味道略甜，略带苦味。红心柚营养价值很高，能帮助身体更好地吸收钙和铁，而且能增强体质，很适合处于营养发育阶段的儿童食用。经常爱感冒和咳嗽的儿童常吃红心柚，可以强健肺部。此外，常吃红心柚还能保护视力，对糖尿病和高血压的预防也有一定的作用。

（十二）西红柿酵素

西红柿味道沙甜，多汁爽口，含有多种维生素和营养成分，特别是所含有的茄红素对身体健康特别有益。生长发育期的儿童每天摄入一个西红柿就可以满足人体对维生素和矿物质的需要，同时还有促进食欲的作用。

二、女性

（一）柠檬酵素

柠檬味道酸，肝虚孕妇最喜食，故称益母果。柠檬中含有丰富的柠檬酸，不仅可以抵抗坏血病，而且因为富含维生素C和钙，还能预防感冒。爱美的女性多食柠檬还能预防和消除色素沉着。此外，柠檬富含的维生素 C，能增强血管弹性和韧性，可以预防和治疗高血压。

（二）山药酵素

山药含有丰富的淀粉和蛋白质，既是中药材又是可以吃的食物，是补虚佳品，有健脾、益气、消除疲劳等作用。对女性朋友来说，多吃山药还能起到美容养颜、调理生理机能的作用，特别是对孕期及妇女的产后调养都有显著作用。

（三）山楂酵素

山楂可以生吃也可以晒干后入药，个头虽小营养却很丰富，是健脾开胃、活血化痰的良药，而且还是抗癌作用较强的一种水果。女性朋友常食山楂还对治疗月经紊乱等有较好的辅助作用。此外，山楂还能防治心血管疾病，可以降低血压和胆固醇，利尿和镇静的作用也很好。

（四）彩椒酵素

彩椒富含钙、磷、铁和胡萝卜素，能增强身体抵抗力，增进食欲，帮助消化。对于想美白的女性来说，多吃彩椒可以减轻皮肤因受太阳暴晒而导致的黑色素斑点，还能令发质乌黑亮丽。它还可以防治坏血病，对牙龈出血、贫血有辅助治疗作用。

（五）梅子酵素

梅子富含人体所需的多种氨基酸，同时还含有丰富的钙、镁、钾、钠和磷等多种矿物质，其含量较其他种类水果高出很多。蛋白质含量更是草莓、柑橘的两倍以上，是一种绝佳的保健水果。女性多食用，可有很好的通便减肥效果。

（六）樱桃萝卜酵素

樱桃萝卜品质细嫩，生长迅速，外形美观，适于生吃。樱桃萝卜能促进胃肠蠕动、增进食欲，其含有的胆碱等有药用价值，萝卜汁液可防止胆结石形成。所含的粗纤维有抗癌作用。对于爱咳嗽的朋友来说，多吃樱桃萝卜可以起到止痰化咳、除燥生津的作用。

（七）猕猴桃酵素

猕猴桃含有丰富的维生素C、维生素E以及钾、镁、纤维素，还含有其他水果比较少见的营养成分——叶酸、黄体素。高含钙量可强化免疫系统，促进伤口愈合。猕猴桃能帮助女性减肥，其热量极低，特有的膳食纤维能够促进消化，令人产生饱腹感。

（八）哈密瓜酵素

哈密瓜有“瓜中之王”的美称，其药用价值也非常高。哈密瓜中含有非常丰富的抗氧化剂，能够减少皮肤黑色素的形成，防止晒斑的出现。同时还能补充水溶性维生素C，是女性朋友健康皮肤的好帮手。此外，食用哈密瓜对人体造血机能有明显的促进作用。如果经常感到身心疲倦，食用哈密瓜就会有所缓解。

（九）丝瓜酵素

丝瓜中含有丰富的蛋白质、碳水化合物和粗纤维，还含有人参中所含的成分——皂甙，有清暑凉血、润肌美容、疏通经络等功效。丝瓜对女性大有益处，丝瓜络常用于治疗乳痛肿涨等病症。用纱布蘸丝瓜水涂搽脸可以润肌防皱。

（十）木瓜酵素

木瓜清心润肺，不仅营养丰富，而且对女性减肥很有帮助。它含有的木瓜酶能促进乳腺激素分泌，和酸奶等搭配可以起到丰胸的效果。木瓜素有“岭南果王”之称，无论是作为水果食用还是煲汤，对身体都有很好的保养作用。

（十一）西兰花酵素

西兰花营养丰富，富含蛋白质、脂肪、维生素和胡萝卜素，营养成分位居同类蔬菜之首，是难得的一种保健蔬菜。女性朋友多食用西兰花对于皮肤、头发有很好的促进生长的作用。西兰花所含的维生素K可以修复晒伤的肌肤。

（十二）冬瓜酵素

冬瓜的营养价值很高，减肥效果非常好，奥妙在于冬瓜不含脂肪，并且含钠量极低，有利尿排湿的功效，可以使形体健美。冬瓜所含维生素C较多，清热解暑，对高血压、浮肿病等患者来说，多食用可消肿。

（十三）花生酵素

花生营养价值很高，富含的蛋白质、钙、磷等比牛奶、肉、蛋还高。花生还含有卵磷脂、精氨基酸，能健脾和胃、理气通乳、益智和抗衰老，对于女性还有贫血的人群来说是非常好的营养食品。此外，花生对人体有很强的抗老化作用，常食花生有益于人体延缓衰老。

三、男性

（一）洋葱酵素

洋葱含有前列腺素A，能降低外周血管阻力，可用于降低血压、提神醒脑、缓解压力，特别是对预防感冒很有效果。此外，洋葱还能增强新陈代谢能力，可抗衰老，预防骨质疏松。男性朋友在现代社会工作压力大，可以多摄入洋葱，强化肠胃机能。

（二）大蒜酵素

大蒜含有100多种有益的成分，能暖脾胃、消症积，对于泄泻、痢疾等症也有疗效。男性朋友可以多食用大蒜，其具有提升精力和强化元气的作用，防癌效果在40多种蔬菜、水果中，按金字塔排列，大蒜位于塔顶。

（三）苦苣酵素

苦苣所含的矿物质非常丰富，钙、铁、锌含量相较于其他一些蔬菜也更高，能清热、消肿、化瘀解毒，是一种出色的保健食品。常食苦苣菜会提高人体免疫能力，清洁胆囊、肾脏，爱抽烟的男性可以多食用。此外，苦苣对于阑尾炎、肠炎、痢疾等有很好的疗效。

（四）黄秋葵酵素

黄秋葵肉质柔嫩、润滑，营养价值高，堪比人参，却比人参更适合日常食补，可炒食、煮食、凉拌等。黄秋葵含有的黏性物质，可助消化，治疗胃炎，并可保护肝脏及增强人体耐力，有一定的抗癌作用。种子中还含有较多的钾、钙、锰等矿物质。

（五）芦笋酵素

芦笋有“蔬菜之王”的美称，富含多种氨基酸、蛋白质和维生素，其含量均高于一般的水果和蔬菜。芦笋中含有的锰、硒等微量元素具有调节机体代谢、提高身体免疫力等功能，男性朋友可以多摄入芦笋。

（六）生姜酵素

生姜里的淀粉酶和蛋白酶可以刺激消化液的分泌，促进肠道运动，治疗呕吐等。生姜的辣味成分具有强烈的杀菌作用，可以有效地清除体内的各种病原性细菌，尤其是霍乱菌。生姜还具有发散、止呕、止咳等功效，非常适合伤风感冒、寒性痛经者食用。

（七）韭菜酵素

韭菜有很高的食用价值和药用价值，可以养肝养脾胃，对降血脂和心脑血管都有很好的推动作用。韭菜含有大量膳食纤维，能温肾助阳、益脾健胃、行气理血。多吃韭菜，可增强脾胃之气。韭菜根、叶捣汁还有消炎止血、止痛之效。

（八）萝卜酵素

萝卜特有的淀粉降解酶可以促进食物的消化和吸收，丰富的植物性纤维素可以帮助清除体内的废气。食积腹胀、消化不良，可以饮用萝卜汁。对于容易便秘、咳嗽咳痰、咽喉炎、扁桃体炎等朋友来说，常食萝卜很有疗效。

（九）枸杞酵素

枸杞含有丰富的胡萝卜素、维生素和钙等眼睛保健的必需营养，明目效果好。常食枸杞能补肾益精、润肺生津，还能提高机体免疫力。男性朋友应格外注意肝脏的保养，多食用枸杞来补气强精、滋补肝肾、抗衰老。

（十）菠菜酵素

菠菜含有丰富的维生素A、维生素C及矿物质，其含量是蔬菜类之冠，人体造血物质铁的含量也很高。对于胃肠障碍、便秘、皮肤病、贫血有特殊食疗效果。常食菠菜能通便清热、防病抗衰。此外，菠菜中所含的胡萝卜素有增加预防传染病的能力，还能促进儿童生长发育。

（十一）红薯酵素

红薯中蛋白质和碳水化合物含量很高，尤其是含有谷类食品中比较缺乏的赖氨酸。红薯还含有丰富的维生素和胡萝卜素，其淀粉也很容易被人体吸收。红薯中高含量的膳食纤维有促进胃肠蠕动、预防便秘的作用。此外，红薯还有提高免疫力、止血、降糖、溶脂等作用。

（十二）桂圆酵素

桂圆也称龙眼，果实可生食或加工成干制品，肉、核、皮及根均可作药用。桂圆含有多种人体必需的营养素及蛋白质、矿物质，对于耗伤心脾之人很有效果。桂圆富含能被人体直接吸收的葡萄糖，桂圆的含铁量也较高，对脑细胞特别有益，能增强记忆，消除疲劳。

四、老人

（一）水芹酵素

水芹的营养价值很高，可以平肝降压，水芹含有抑杀结核杆菌的成分，故结核病患者可多吃些水芹。水芹对人体有安神作用，有利于稳定情绪。水芹还含有利尿有效成分，老年朋友尤其适于食用。水芹富含的高纤维，具有抗癌防癌的功效，还能促进食欲，降低血糖。

（二）生菜酵素

生菜营养丰富，含有一种“干扰素诱生剂”，能清热爽神、清肝利胆，还有养胃的功效。老年朋友一般多有胃肠隐患、缺乏维生素C，可以多食用生菜进行调理。此外，生菜还有镇痛催眠、降低胆固醇的作用，老年朋友多吃还会起到利尿、促进血液循环的作用。

（三）香菇酵素

香菇是高蛋白、低脂肪的营养保健食品，其药用价值也不断被发掘。香菇多糖能增强细胞免疫能力，从而抑制癌细胞的生长，对降低血脂也有益。香菇富含B族维生素，可以帮助老年人缓解食欲减退、少气乏力等症状。不仅如此，香菇还含有抗佝偻病的维生素D_2，还能促进人体的新陈代谢，提高机体适应能力。

（四）茄子酵素

茄子含多种维生素、蛋白质、糖及矿物质等，其富含的维生素P，不仅在蔬菜中出类拔萃，就是一般水果也望尘莫及。茄子纤维中所含的仰角苷，具有降低胆固醇的功效。老年朋友常食茄子可预防高血压、动脉硬化、冠心病等。

（五）苦瓜酵素

苦瓜可以起到清热消暑、养血益气、补肾健脾的功效，对治疗痢疾也有一定的作用。苦瓜的维生素C含量很高，有提高机体应激能力、保护心脏等作用，也有一定的抗癌作用，还能降血糖、降血脂、预防骨质疏松，很适合老年朋友食用。

（六）桃子酵素

桃子有补心、解渴、润肠等功效，在民间有“肺之果”的美誉，适宜于有低血糖、肺病、虚劳喘嗽的朋友作为辅助食疗的食物。不仅如此，桃仁还有润燥滑肠、镇咳的疗效。老年体虚或者肠燥便秘的人群可以多吃桃子。此外，桃子的含铁量很高，很适合于贫血病人食用，同时还有降低血压的作用。

（七）玉米酵素

在所有主食中，玉米的营养价值和保健作用是最高的。玉米中含有大量的碳水化合物、蛋白质、胡萝卜素等，生活中除了多食用精米以外，也需要多补充粗粮。此外，玉米中含有的核黄素对预防心脏病、癌症等疾病也有很大的好处。

（八）荷兰豆酵素

荷兰豆具有温中下气、益肾的功效，可以有效治疗腹胀以及肾虚所致的腰痛等病症。荷兰豆所含有的尿毒酶、刀豆氨酸等有抗癌的作用，很适合老年朋友食用。此外，荷兰豆还可以对人体产生镇静作用，使人神志清醒，精力充沛。增强抗体免疫力，提高人的抗病能力也是常食荷兰豆的益处之一。

（九）莲藕酵素

莲藕可生食也可煮食，同时也是药用价值相当高的植物。藕含有淀粉、蛋白质、维生素C以及氧化酶成分。生吃鲜藕能清热解烦，解渴止呕，煮熟的藕能健脾开胃。用藕制成粉可以滋补养性，预防内出血，体弱多病者可多食莲藕进补。

（十）梨酵素

梨营养丰富，含有多种维生素和纤维素。梨既可生食，也可蒸煮后食用，具有生津、清热、化痰、解酒的作用。常有干咳、口渴、便秘等症的朋友可以多吃梨。此外，梨含有的丰富的B族维生素还能保护心脏、减轻疲劳、降低血压。梨还对肝脏有保护作用。

（十一）南瓜酵素

南瓜含有蛋白质、胡萝卜素、B族维生素、钙、磷等成分，有很好的食疗作用。南瓜口感绵柔，能润肺益气、止咳止喘，并有利尿、美容等作用。近年来，国内外医学专家、学者的研究实验还表明南瓜有治疗前列腺肥大等作用。

（十二）葡萄酵素

葡萄有“晶明珠”之称，营养丰富，含有人体所不可缺少的谷氨酸、色氨酸等十几种氨基酸。常吃些葡萄对神经系统和心血管大有裨益，能使人延年益寿。葡萄汁被科学家誉为“植物奶”。葡萄含有人体可直接吸收的葡萄糖，是消化能力较弱者的理想果品。

（十三）火龙果酵素

火龙果汁多味清甜，除鲜食外，还可酿酒、制作罐头等。火龙果含有丰富的维生素和水溶性纤维，排毒解毒效果好，抗衰老能力也很强，还能抑制痴呆症发生。同时还能美白皮肤、养颜、减肥、降血糖，对老年朋友来说还能润肠滑肠、预防大肠癌。

第三节 食品发酵酵素的其他功效

一、减肥功效

酵素具有促进人体新陈代谢的作用。对于大多数的肥胖患者来说，脂肪的过度囤积是因为脂肪组织内缺少脂肪酶，这样脂肪就会滞留并长期累积在动脉与毛细血管中。酵素可以起到促进脂肪燃烧的效果，让你拥有苗条身材。

（一）搭配组合一：猕猴桃酵素+橘子酵素

猕猴桃酵素富含的蛋白质分解酵素能够帮助消化，橘子酵素可以有效燃烧脂肪，两者搭配更加具有减肥效果。

（二）搭配组合二：苹果酵素+彩椒酵素

苹果酵素富含的果胶可以有效清除我们体内的活性氧，促进胃肠蠕动。彩椒酵素中丰富的植物性纤维素也可以清除体内的废弃物，两者搭配使用减肥效果更佳。

（三）搭配组合三：西红柿酵素+菠萝酵素

西红柿酵素可以有效起到燃烧脂肪的作用，菠萝酵素的消食作用好，能有效帮助消化吸收，两者的口感也很清新，搭配效果很好。

二、通便功效

我们的身体中常常会留有多余的废物和宿便，如果排便不正常或经常性便秘，那么这些有害物质就很难排出体外，导致身体中残留毒素。酵素可以说是人体内最佳的清道夫，它能调整肠内环境，使废物不囤积，改善便秘，使排便顺畅。

（一）搭配组合一：梨酵素+萝卜酵素

梨酵素可以帮助排便，利尿效果显著。萝卜酵素在清除人体毒素方面有卓越的效果。但要注意此种饮品不适合高血糖、糖尿病患者服用。

（二）搭配组合二：菠萝酵素+彩椒酵素

菠萝和彩椒酵素搭配可以起到燃烧脂肪的作用，同时彩椒富含的植物纤维可以加速清除体内的废弃物，两者搭配通便作用显著。

（三）搭配组合三：桃子酵素+西红柿酵素

桃子酵素能有效调整肠道状况，西红柿酵素是清理体内废物的好帮手，两者搭配味甜又不会腻口，而且还有保持皮肤白皙与柔嫩的功效。

三、美白功效

繁重的社会压力，饱受污染的自然环境等一系列因素常常会令我们的肌肤变得干燥，过早地长出细纹，失去弹性和光泽。酵素能够修复细胞，从内到外帮助我们焕发肌肤活力，改善肌肤老化，让我们拥有白皙光滑的皮肤。

（一）搭配组合一：木瓜酵素+柿子酵素

木瓜酵素可以使肌肤美白、保湿，柿子酵素含有的红色素也有美白功效，两者可以搭配食用。

（二）搭配组合二：柠檬酵素+苹果酵素

柠檬酵素富含维生素C，有很好的美白效果，和苹果酵素搭配可以促进食欲、消除疲劳，有由内到外美白肌肤的效果。

（三）搭配组合三：柠檬酵素+芹菜酵素

柠檬酵素是美容圣品，能防止和消除黑色素在皮肤内的沉着，芹菜酵素富含的粗纤维能减肥排毒，两种酵素搭配能净化肠道、美白肌肤。适宜爱美女士食用。

四、缓解虚寒体制功效

人的身体如果过于虚弱、体寒，就容易引起一系列健康问题。因为体质虚寒，血液循环就会变差，身体里就容易累积废弃物。酵素对改善虚寒体质非常有效，能够提高免疫力与代谢，让身体暖起来。

（一）搭配组合一：苹果酵素+葡萄酵素

葡萄酵素能健脾和胃，苹果酵素可提高人体免疫力，对大肠炎还有显著疗效，两者搭配饮用可以加速血液循环，能调理身体。

（二）搭配组合二：生姜酵素+苹果酵素+菠萝酵素

生姜酵素能强力杀菌、促进消化，对虚寒体质很有效，菠萝酵素能健肺、增强体质，和苹果酵素搭配饮用，提高免疫力的效用很好。

（三）搭配组合三：胡萝卜酵素+柠檬酵素

胡萝卜酵素富含胡萝卜素和维生素A，对肠胃虚弱的人来说是补身良药，柠檬酵素对于体虚乏力者的滋补效用很佳，两者可以搭配食用。

第六章
发酵食品的保鲜技术与贮藏技术

食品贮藏保鲜技术是一门研究食品变质腐败的原因及其控制方法，本章通过解释各种食品腐败变质现象的机理并提出合理、科学的防治措施，阐明食品保藏的基本原理和基本技术，从而为食品的保藏加工提供理论基础和技术基础的学科。

第一节　发酵食品保鲜技术的内容与发展趋势

一、食品贮藏保鲜技术的内容和任务

食品贮藏保鲜的主要内容和任务可归纳为以下几个方面：

（1）研究食品贮藏保鲜原理，探索食品生产、贮藏、运输和分配过程中腐败变质的原因和控制方法。

（2）研究食品在贮藏保鲜过程中的物理特性、化学特性及生物学特性的变化规律，以及这些变化对食品质量和食品保藏的影响。

（3）解释各种食品变质腐败的机理及控制食品变质腐败应采取的技术措施。

（4）通过物理的、化学的、生物的或兼而有之的综合技术措施来控制食品质量变化，最大限度地保持食品质量。

（5）研究食品贮藏保鲜的种类、设备及关键技术。

食品贮藏保鲜技术是以食品工程原理、食品微生物学、食品化学–食品原料学、食品营养与卫生、动植物生理生化、食品法规和条例等为基础的一门应用型科学，涉及的知识面非常广泛。食品原料的种类很多，在任何一本书里，都不可能穷尽所有食品贮藏保鲜的特点及技术。本书重在讲述食品贮藏保鲜技术的共性部分，列举了主要食品原料在贮藏保鲜中常见的主要问题及相关实例，避免各类食品原料贮藏保鲜技术的重复罗列。

二、食品贮藏保鲜技术的发展趋势

（一）贮藏保鲜技术的综合应用

需要贮藏保鲜的食品很多，但若作为商品必须考虑多种因素且符合下列要求：

（1）外观。外观即指色泽和形态。食品不仅应当保持应有的色泽和形态，还必须具有整齐美观的特点。食品的外观对消费者的选购有很大的影响。为此，生产过程中必须力求保持或改善食品的原有色泽，并赋予完整的形态。

（2）风味。风味即指食品的香味和口感。保持食品的香味是食品生产者面临的重要问题。

（3）营养和易消化性。这是人体对食品最重要的要求。现在有些国家要求将食品营养成分标明在商标纸上，以供消费者选择。易消化性是指食品能被人体消化吸收的程度。食品只有被消化吸收后，才有可能成为人体的营养素。人们在食品加工过程中应尽量减少营养成分的损失。

（4）卫生和安全性。任何食品如受到致病菌、导致食物中毒的各种菌、有害金属和霉菌毒素等的污染或含有残留农药、禁用添加剂、超过规定用量的添加剂时，就会对人体的健康造成严重的危害。食品生产部门必须严格遵守政府和卫生部门的规定，积极采取措施，加以严格控制，保证生产卫生和食品的安全，保障人们的身体健康。

（5）方便性。近年来，国内外食品工业在发展启封简易和食用方便的食品方面，已取得显著的进展，所推出的产品深受消费者喜爱。

（6）耐贮藏性。这是在大规模食品生产中必须注意的问题。因为食品易于腐败，所以食品生产者必须重视其耐贮藏性，否则，就难以常年供应或影响地区间的交流。

（二）高质量食品的贮藏保鲜技术发展迅速

随着人们生活水平和受教育程度的不断提高，在关注食品安全的前提下，越来越重视食品的风味、口感和营养价值。基于这个因素的推动，近年来食品贮藏保鲜技术发展迅速。

在食品干制技术方面，由于真空（冷冻）干燥等干燥技术具有干燥速度快，干燥过程中食品温度低，对食品的色泽、风味、营养成分和功能性成分破坏少等优点，近年来得到了飞速的发展。冷冻干燥目前可广泛用于加工畜禽水产品、水果蔬菜制品、调味品、咖啡、蛋白及生物制品等。冻干食品在发达国家已有相当高的普及度。

在低温保藏方面，品质更好的速冻产品越来越受到人们的欢迎。速冻食品早在1928年就已在美国出现，但生产发展十分缓慢。直到1945年美国才成立速冻食品生产者协会。1960年以后，国际上速冻食品工艺与设备不断发展改进。近年来，世界速冻食品的生产和消费方兴未艾，成为当今世界发展最快的食品工业，平均每年以20%～30%的速率增长，已超过其他食品。在国外，为了更好地保持速冻产品的品质，冻藏温度亦由-20～-18℃趋向更低的-30℃。

消费者对各种食品新鲜度的要求越来越高。新鲜的水果、蔬菜和肉、禽、水产类等易腐食品在流通过程中的主要问题是品质容易下降、货架期不长。为了延长其保质期，人们常把相对多余的食品用罐藏、干制、发酵、低温保藏及添加化学防腐剂等各种传统的方法保存起来。但许多传统的方法能耗大，处理后的食品在风味、质地甚至整个特征方面都出现了变化，食用起来不太令人满意。添加化学添加剂固然可以较完整地保存新鲜产品的特征，但消费者不易接受，而且允许食用的化学添加剂越来越少。

在制冷技术高度发展的今天，冷冻食品的品质往往并不受生产和贮藏阶段的技术限制，影响其质量的主要是制冷、流通和销售阶段的管理，食品冷藏销售链的出现很好地解决了这一难题。

进入20世纪80年代以后，随着生物技术的发展，以基因工程技术为核心的生物保鲜技术成为食品贮藏保鲜研究的新领域。应用基因工程技术改变果实的成熟和贮藏特性，延长贮藏期，已在番茄上试验成功并在生产上得以应用。此外，基于栅栏效应的栅栏技术也在食品贮藏保鲜实践中得到了广泛应用。

第二节　发酵食品的空气调节保鲜技术

一、食品气调保藏技术概述

（一）气调保藏的特点

从整体上来看，气调保藏有以下几个方面的特点，我们可以根据不同的特点选择所需要的保藏方法。

1. 无污染

我们所说的气调保藏所采用的是物理保藏的方法，在对食品进行保藏的过程中不使用任何化学或生物制剂进行处理，既卫生、安全又可靠，是首选的保藏方法。

2. 保鲜效果好

气调保藏可比冷藏更有效地延缓鲜活食品的生理衰老过程，并且在长期保藏中能较好地保持食品的感官品质，如果蔬的色泽、硬脆度和口味等。水果在长期的气调保藏中能始终保持其刚采摘时的优良品质。

3. 保鲜时间长

与其他的保藏技术相比较来说，在保证同等质量的前提下，采用气调保藏技术的保鲜时间至少为冷藏的两倍。

（二）气调保藏的条件

我们都知道，气调保鲜技术的关键是要对特定空间中的气体进行调节。当然，除此之外，我们在选择使用的调节气体组成与气体的浓度时，还必须要考虑空间中的温度是发酵食品保藏技术中十分重要的控制条件。

1. 温度

降低温度可以减缓细胞的呼吸强度，从而能抑制微生物的生长。因此，气调技术也强调低温条件的配合。至于具体的温度，要根据气调的具体对象而定。

对于发酵类产品来说，采取气调措施，即使温度较高也能收到较好的储藏效果。正因为气调保藏法可以采用较高的储藏温度以避免产品发生冷害，而又能达到保持质量、延长储藏的目的，所以对发酵产品来说特别有意义。但是，也不能由此认为进行气调保藏就可以忽视温度控制。

2. 气体的运用

调节气体组成的选择与被气调食品的种类、品种、储藏期要求、气调系统的封闭形式、温度条件等多方面的因素有关。因此，适宜的调节气体的组成与浓度必须经过试验才能确定。

（1）CO_2含量对气调保藏的影响。如果空间中的CO_2浓度较高，对于果蔬来说，通常情况下会产生下列效应。

不同的发酵食品耐受CO_2的上限值存在着很大的差异，必须区别对待。通常用于水果气调的CO_2含量控制在2%～3%，蔬菜控制在2.5%～5.5%。我们在日常生活中需要摄入一些肉类食品中的脂肪、蛋白质等成分，对于熟肉类、鱼类、鸡鸭产品的气调保鲜主要要求是防腐。高浓度的CO_2可以明显抑制腐败微生物的生长，而且这种抑菌效果会随CO_2浓度升高而增强。具体的浓度要视产品的品种、初始含菌量水平、储藏温度、其他气体浓度条件的配合情况，以及要求的保鲜期限而定。一般要使CO_2在气调保鲜中发挥抑菌作用，其浓度必须控制在20%以上。保护气体由CO_2和N_2组成时，禽肉用CO_2、N_2浓度分别为50%：50%和70%：30% 两种规格的混合气体进行气调包装，在0～4℃下的货架期可达14天。

（2）O_2含量对气调保藏的影响。空间中O_2含量的多少对气调保藏的影响主要表现在以下几个方面：

1）不同目的的气调保藏所采用的O_2的含量是不同的，对于以抑制真菌为目的的气调保藏处理，需要将空间中O_2的浓度降低到1%以下才可以达到想要的效果。

2）特定空间中O_2对发酵类产品可产生降低呼吸强度和基质氧化损耗、延缓成熟过程、抑制叶绿素降解、减少乙烯产生、降低抗坏血酸损失、改变不饱和脂肪酸比例、延缓不溶性果胶物质减少速度等效应。

（三）气调保藏的设备

1. 气调系统

气调保藏是一个系列的活动，而气调系统是气调库的核心。因为气调库的气体成分主要是通过气调系统调节O_2、CO_2、N_2这三种气体的比例获得的。

通常我们所采用的调节方式主要是充气置换快速降氧，简单地说就是通过制氮气机制取浓度较高（一般含N_2量不低于96%）的氮气，并将其通过管道充入库内，在充氮气的同时将含氧气量较多的库内气体通过另一个管道放空，如此反复充放，就可以将库内O_2的含量降至5%左右，然后通过果蔬自身的呼吸作用继续降氧。一般气调库内的O_2浓度要求控制在1%～5%，误差不超过±3%。

2. 气体成分与温湿度检测系统

为了保证气调库的正常运转和产品保鲜质量，对库内的气体成分如O_2、CO_2以及乙烯和温度、湿度的检测以及监控十分重要。这样，才能对产品保藏环境进行及时调整。

（1）温湿度检测。温湿度检测主要采用铂或热电偶测温传感器与氯化锂等湿度传感器，再配合自动巡检测试系统进行自动检测。

（2）气体成分检测。对库内的O_2和CO_2气体进行分析时，我们经常会采用O_2、CO_2分析器和奥氏（ORSAT）分析仪。前者为自动分析仪，不仅精度高，而且所显示的最小显示度为0.1%，反应时间为数秒；后者为人工手动操作，造价低、可靠性高，但测定速度较慢。乙烯的测定是通过气相色谱仪来完成的，测量精度<0.01μL。

3. 碳氢化合物燃烧式降氧装置

这个装置是必不可少的，如图 6-1 所示为碳氢化合物燃烧式降氧装置图。

图6-1中所示装置的原理是以铂为催化剂，在催化室进行催化反应，将空气中的氧气和甲烷或丙烷燃烧，从而使氧的含量减少。其反应式如下：

$$CH_4 + 2O_2 \rightarrow CO_2 + 2H_2O + 33.494 \sim 37.681kJ$$

$$C_3H_8 + 5O_2 \rightarrow 3CO_2 + 4H_2O + 50.242kJ$$

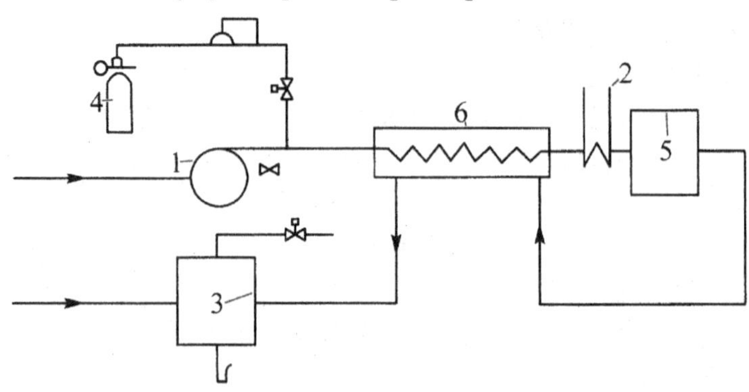

图6-1　碳氢化合物燃烧式降氧装置

1—送风机；2—电热器；3—冷却器；4—染料；5—反应室；6—热交换器

从反应式可知1mol的丙烷可消耗5mol的O_2，但又产生二氧化碳和水，并放出热量，燃烧温度高达500～800℃，因此获得的氮气必须经过冷却装置降温和脱除二氧化碳后，才可以送进气调库，这种制氮机的主要缺点是要消耗大量的水和燃料。

目前，国外使用这种形式的降氧机为组合式气体发生器（TEC-TROL）装置，如图6-2所示为此装置的示意图。在组合式气体发生装置中，燃烧装置和CO_2洗涤器组合在一起。采用这种装置，预先制造出气调库所需的最合适的气体组成，然后连续地输入库内，即所谓连续喷射式。这种方法与果蔬呼吸时所产生的气体成分关系不大，并能制造出理想的气体组成。

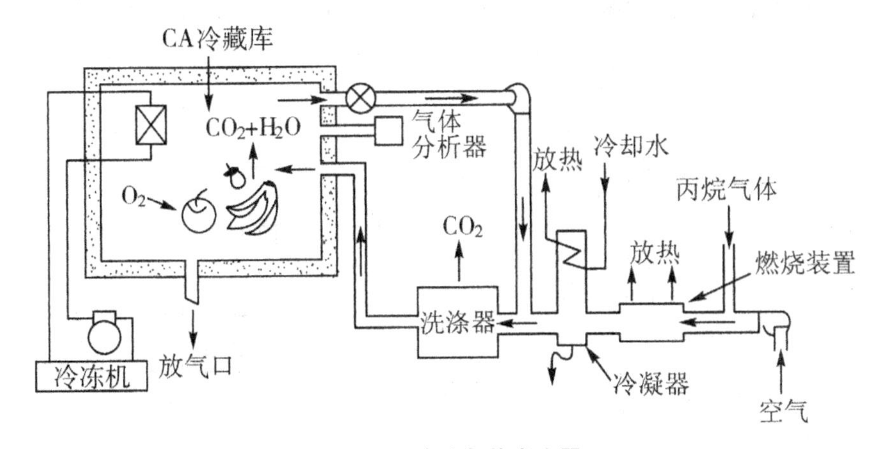

图6-2　组合式气体发生器

4. 压力调节器

气调库或运输用的气调集装箱，在保藏和运输的过程中，其内部的压力是经常会发生变动的，这主要是由于库内温度变化、气压变动或O_2、CO_2被吸收等，使库内外出现压力差，有时为负压，有时为正压。为了保证库内环境的安全和气密性，必须安装压力调节器，常用的有水封装置、安全阀、气压平衡袋等几种。

（1）水封装置。利用水封装置可将库内压力变化限制在一定范围内。例如，库内压力超过10mmH_2O（98Pa）时，库内气体通过水封装置冒出，当库内压力小于10mmH_2O（98Pa）时，库外空气通过水封进入库内，自动进行调整。此外，在库内用通风机加强气体循环，使气调库内温度、湿度和气体分布均匀，以改善压力差。

（2）安全阀。它可以在库内正压超过某值时自动打开阀门排气或在库内出现负压超过某值时自动打开阀门进气进行调节。

（3）气压平衡袋。这种气压平衡袋用聚乙烯薄膜制成，一般情况下安装在气调库外，用管子和库内连接。它的形状为V形，大小为气调库体积的1%～2%。其主要通过气压袋的膨胀或收缩来调节库内的压力。

5. 二氧化碳脱除装置

气调库内采用的二氧化碳脱除装置（有时我们也称之为CO_2洗涤机）主要将库内的多余CO_2脱除。通过多次循环，将库内CO_2浓度控制在保鲜工艺所需的范围内。

要除去气调库中过多的CO_2有很多种方法。目前，主要使用的为$Ca(OH)_2$、活性炭、分子筛、硅橡胶等吸收剂或吸附剂。

（1）交换扩散式CO_2脱除器。这种方法主要是把硅橡胶制成薄膜，贴在尼龙布上制成气体扩散器。如图6-3所示为交换扩散式CO_2脱除器示意图。

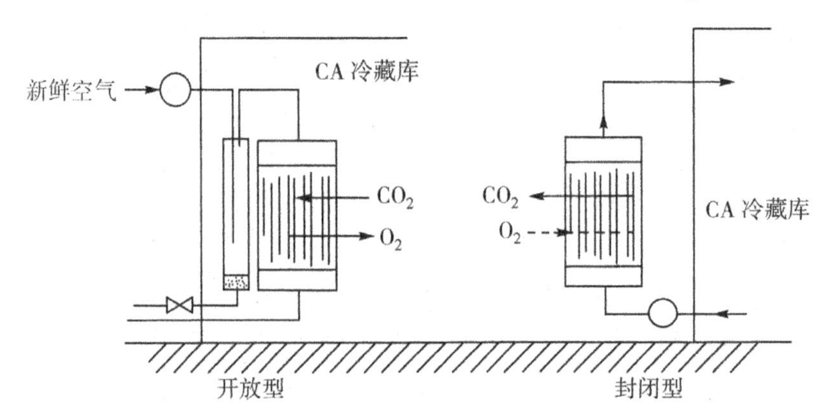

图6-3 交换扩散式CO_2脱除器

（2）碳酸钾吸收器。也可用碳酸钾作为CO_2的吸收剂。碳酸钾水溶液和CO_2发生化学反应，生成碳酸氢钾，并产生热量。这个反应是可逆反应，其反应式如下：

$$K_2CO_3 + CO_2 + H_2O \rightleftharpoons 2KHCO_3$$

碳酸钾吸收器示意图如图6-4所示。这个装置由两个室构成：一个进行CO_2吸收；另一个从外部吸入新鲜空气后进行再生。这种装置的优点是室内的空气能够再生，而且体积小。缺点是液面要经常检修，而且设备费、运转费较高。这种吸收器在欧洲使用较多。

图6-4　碳酸钾吸收器

（3）消石灰CO_2洗涤器。消石灰CO_2洗涤器的原理是使用固体的消石灰吸收CO_2。当消石灰与CO_2接触时，发生以下化学反应：

$$Ca(OH)_2+CO_2 \rightarrow CaCO_3+H_2O$$

之后除去$CaCO_3$和H_2O就可以了。

如图6-5所示，将消石灰放入气密的容器里，之后用两根管子和气调冷藏库连接，用风机使气体循环。需要注意的是在管子上装有阀门，主要通过阀门来控制空间中CO_2量的多少。

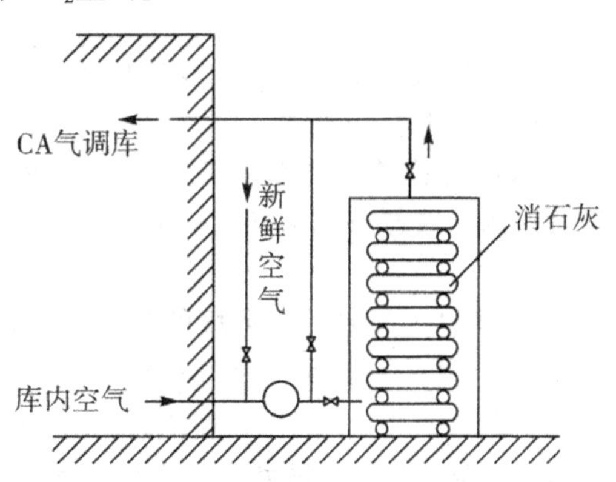

图6-5　消石灰CO_2洗涤器

这种方法结构较为简单，最主要的是成本低廉，从取材方面来看比其他的形式更加容易，因此在当时得到了广泛的应用。但是这种装置有一定的缺点——容积大，使用起来较麻烦。气调时所用消石灰的需求量由下式计算：

$$\text{消石灰的需求量}=\frac{1.68\times\text{保藏期中}CO_2\text{生成量（kg）}}{\text{效率（0.5）}}$$

我们用苹果来举例进行说明，见表6-1，20t的苹果保藏在气调库中（温度为0℃），保藏期如果为6个月，在这期间CO_2产生的量：

$$CO_2\text{产生的量}\approx 0.1\times 20\times 30\times 6=360\text{kg}$$

从上面的公式中可以得出消石灰的需求量：

$$\frac{1.68\times 360}{0.5}=1210\text{kg}$$

表6-1　部分水果保藏期间CO_2产生量

品种	温度/℃	CO_2产生量/[g/（t·d）]	品种	温度/℃	CO_2产生量/[g/（t·d）]
葡萄	5	72～150	柠檬	0	45～65
	12	240～720		15	312
苹果	0	75～100	马铃薯	0	48～100
	15	480～720	洋葱	0	72～120
桃	0	168～216		20	336～456
草莓	0	360～432			
	15	1200～1440			

（4）活性炭CO_2吸附器。活性炭在保藏库中可以把高浓度的CO_2吸附，并可在CO_2浓度低的空气中将CO_2脱附。

活性炭吸收器有两种：单塔式和双塔式。有时我们也称双塔式为连续式。单塔式、双塔式的吸收器分别为如图6-6（a）和图6-6（b）所示。

6. 加湿器

果蔬在长期的保藏中，如果保藏环境的相对湿度偏低，就会使产品的水分蒸发加快，引起干缩。为了保持果蔬的新鲜度，在气调保藏中，库内的相对湿度一般控制在90%～95%，因此必须进行加湿。

气调库中使用的加湿器有超声波式、压缩空气喷雾式、离心式、旋转汽化式、电极式、电热式等多种，各种加湿器的类型与特点见表6-2。

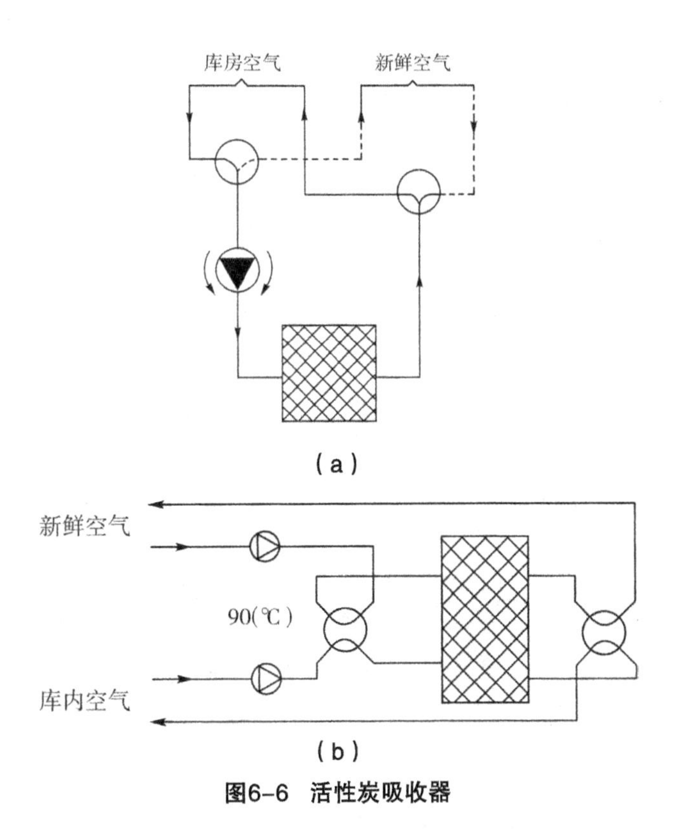

图6-6　活性炭吸收器

表6-2　加湿器的类型与特点

加湿方式	雾化方法	颗粒大小及形状	加湿能力/（kg/h）	加湿效率/%
超声波式	利用超声波使水雾化	平均1μm	0.4～18	80～100
压缩空气喷雾式	用压缩空气把水从喷嘴喷出	平均1～5μm	1～200	30～100
离心式	用高速离心使水散开，碰到旋转叶片形成细珠	<20μm	0.8～14	80～80
旋转汽化式	向保存水的旋转蒸发器送风，使水汽化蒸发	送入高温空气	1～7	75～80
电极式	用电极使水发热而蒸发	饱和蒸汽	1～78	80～90
电热式	用加热器使水加热而蒸发	饱和蒸汽	1～16	80～90

二、食品气调保藏方法

（一）一般方法

目前，气调保藏的方法主要有两大类：气调库保藏法和塑料薄膜封闭气调法。下面分别对这两种不同的气调保存方法进行分析。

1. 气调库保藏法

一般气调冷藏库主要由库房、冷藏系统、气调设备、气体净化系统、压力平衡装置等组成，关于此部分相关内容在上文气调保藏的设备中已经做了详细的分析，在此不作过多阐述。

2. 塑料薄膜封闭气调法

塑料薄膜封闭气调保藏是用塑料薄膜做封闭材料，能达到气调保藏的气密性要求，价格低廉，可在冷藏库、通风保藏库、土窑洞内进行保藏，还可以在运输中应用，使用方便，便于推广。20世纪60年代以来，国内外对塑料薄膜封闭气调保藏法进行了广泛的研究，已达到实用阶段，并向自动气调方向发展，这是气调保藏果蔬的一个革新。塑料薄膜封闭气调保藏可以分为松扎袋口法、塑料薄膜小包装法、塑料薄膜大帐保藏法和硅橡胶窗气调法。

（二）地下保藏

地下保藏在我国很久以前就出现了，可以称得上历史悠久，但是最早的地下保藏并不是我们现在说的食品的保藏，而是粮食的保藏。新中国成立以来，由于国家保粮任务大，地上房式仓无法满足需要，逐渐推行地下仓库。如今，河南、山东、江苏、云南、吉林等省依然建有地下粮仓，四川重庆还利用人防洞保藏粮食，都取得了良好的效果。

从国外来看，中东地区在几百年前就利用地窖保藏粮食。在地中海附近一些地区，粮食在地下保藏也颇盛行。特别是阿根廷在二战期间建立的第一座现代化地下粮仓，其规模、形式、结构与原始地窖完全不同。尽管当地的气温高、湿度大，但是所保存的小麦、玉米经过七年仍保存良好，此后许多国家纷纷效仿，建造地下粮仓。

地下粮仓的形式并不是一成不变的，可以根据当地的实际情况选择不同形式的粮仓形式，根据不同的标准可以把地下粮仓分为以下几种。

1. 地下仓形状分类

根据地下仓形状的不同，我们可以将地下仓分为以下三种类别：

（1）喇叭仓式。这种类型的地下仓有时也称之为地下土圆仓。其直径上部大，下部逐渐减小，筒壁有一定坡度，形同喇叭，因此有时也叫喇叭仓式。这种类型的地下仓是目前地下仓中较好的保藏形式。如图6–7所示为喇叭仓式示意图，图中所示实例依次是盆地式、锥底式、平底式、斜底式。

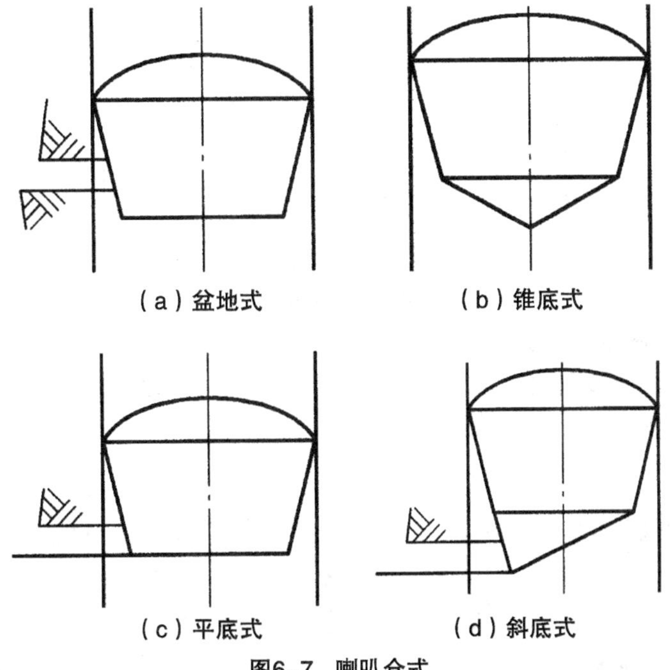

图6–7　喇叭仓式

（2）竖筒仓式。竖筒仓式与下面所说的平仓式的地下仓有些类似，只不过朝向不同而已，在粮仓的上方设入粮口，下设平筒及出仓口，仓顶为钢筋混凝土球面壳，用砖砌筒壁，下部砌一块半砖厚，上部砌半块砖厚，如图6–8所示为竖筒仓式示意图。

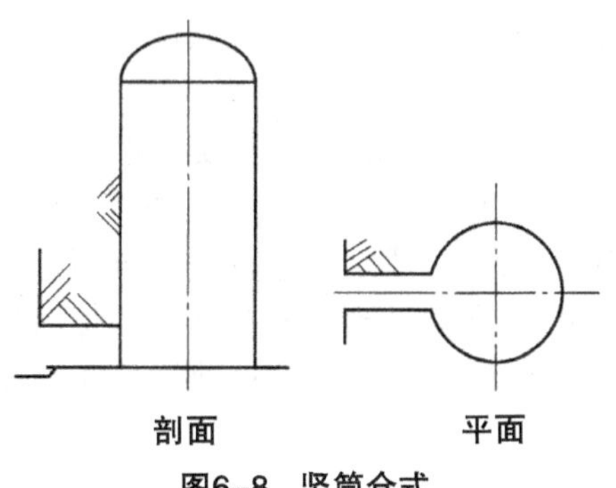

图6–8　竖筒仓式

（3）平仓式。有时也把平仓式称为窑洞式，如图6–9所示为平仓式地下仓示意图。从形状上来看，这种类型的地下仓更接近于民间窑洞和人防洞，最下面是用直墙砌成的墙面，这样会比较牢固，最上部采用圆拱的形状，这样的造型不容易造成顶部积水。

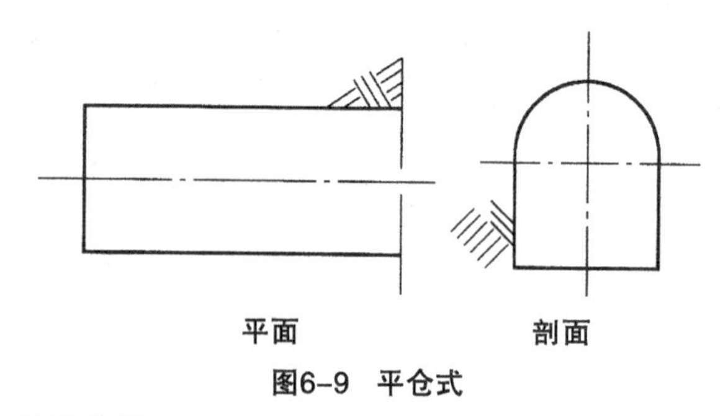

图6-9 平仓式

2. 地下仓埋设分类

根据地下仓埋设情况的不同，可以将地下仓分为三种类别，分别是堆筑式、半埋式、全埋式，如图6-10所示。

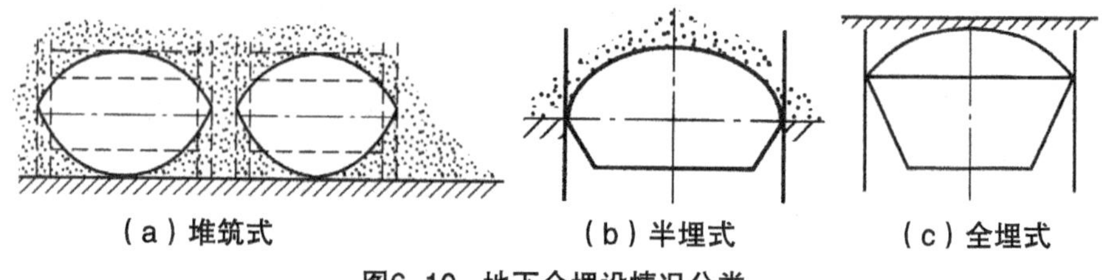

图6-10 地下仓埋设情况分类

（三）减压保藏

减压保藏即在一定的减压状况下进行果品保藏。[1]减压处理不仅大大加速组织内乙烯、乙醛、乙醇及其挥发性芳香物质向体外的扩散，延缓产品的后熟与衰老进程，还有防止组织软化和色变，减轻冷害和一些生理性病害的作用。例如，苹果在减压下保藏，果肉硬度与果酸保持较好，生理性病害的发生也受到抑制。

减压保藏的优点是十分明显的，但其实用性还有待提高。因为要维持库内0.1个大气压，就要有相应的设备与建筑条件。例如，库壁用钢筋水泥墙，其厚度至少在30cm以上，建筑费用颇高，同时耗能大，设备昂贵，维修保养费较高。国内关于减压保藏技术在食用菌保藏保鲜上的研究报道较少，而且由于其技术要求较高，该技术目前还处于试验阶段。现在比较容

[1]减压保藏的原理是降低保藏环境的气压，使空气中各种气体组分的分压都相应地降低，实际上创造了一个低氧气分压的条件，从而起到类似于气调保藏的作用。

易推广的减压保藏法是用塑料薄膜进行果品小包装，扎紧口袋，在袋上装气嘴抽气，使薄膜紧贴果面，试验表明保藏效果较好。

第三节 发酵食品的低温贮藏技术

一、食品低温保藏技术原理

（一）低温对微生物的影响

任何微生物都有其适宜的生长活动温度范围，具有最适、最高和最低生长温度三种情况，微生物的生长温度介绍见表6-3。

表6-3 微生物的生长温度

类群	最低生长温度/℃	最适生长温度/℃	最高生长温度/℃	举例
嗜冷微生物	-10 ~ 5	10 ~ 20	20 ~ 40	水和冷库的微生物
嗜温微生物	10 ~ 15	25 ~ 40	40 ~ 50	腐败菌、病原菌
嗜热微生物	40 ~ 45	55 ~ 75	60 ~ 80	温泉、堆肥中的微生物

温度对微生物的生长、繁殖影响很大，温度越低，它们的生长与繁殖速率也越低，不同温度下微生物的繁殖时间表见表6-4，不同的时间其繁殖速度不同；如图6-11所示为温度对微生物繁殖数量的影响。

表6-4 不同温度下微生物的繁殖时间

温度/℃	繁殖时间/h	温度/℃	繁殖时间/h
33	0.5	5	6
22	1	5	10
12	2	0	20
10	3	-3	60

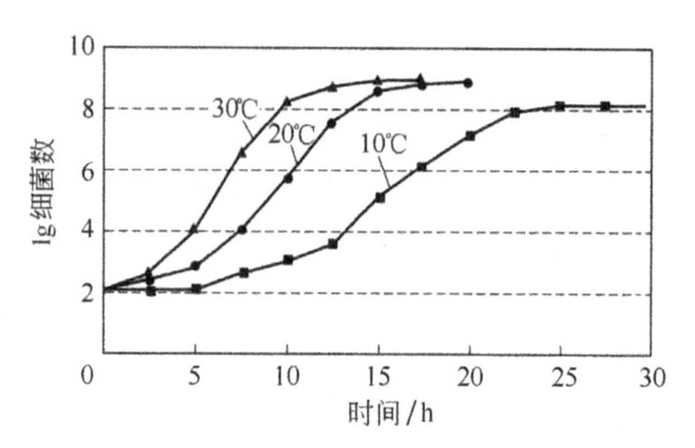

图6-11　温度对微生物繁殖数量的影响

通过对表中数据的了解以及图6-11中所示的微生物繁殖数量的示意图即可发现，大多数腐败菌最适宜的繁殖温度为25～37℃，低于25℃，繁殖速度就逐渐减缓。

（二）低温对酶活性的影响

酶是生命机体组织内的一种特殊蛋白质，负有生物催化剂的使命，酶的活性和温度有密切的关系。大多数酶的适宜作用温度在30～40℃，动物体内的酶需稍高的温度，植物体内的酶需稍低的温度。如图6-12所示为温度对酶活性的影响示意图，在最适温度点，酶的活性最高，温度升高或降低，酶的活性均下降。

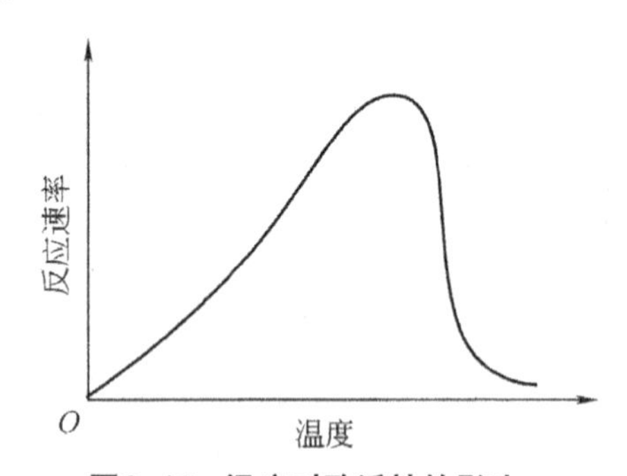

图6-12　温度对酶活性的影响

这部分内容主要针对低温对酶活性的影响进行分析，由图6-12也能看出，横轴所代表的是温度的变化，在特定的条件下酶的活性与温度的关系常用温度系数Q_{10}来衡量，如下是常用的计算公式：

$$Q_{10}=K_2/K_1$$

式中：Q_{10}为温度每增加10℃时，酶活性变化前后酶的反应速率比值；K_1为温度t℃时酶的反应速率；K_2为温度增加到（t+10）℃时酶的反应速率。

大多数酶促反应的Q_{10}值在2～3范围内。这就是说在最适温度点以下，温度每下降10℃，酶活性就会削弱1/3～1/2。果蔬的呼吸是在酶的作用下进行的，呼吸速率的高低反映了酶的活性。

部分水果与蔬菜呼吸速率的Q_{10}值见表6-5和表6-6。通过分析可以看出，多数果蔬的Q_{10}为2～3，而在0～10℃范围内，温度对呼吸速率影响较大。

表6-5　部分水果呼吸速率的温度系数Q_{10}

种类	Q_{10}				
	0～10℃	11～21℃	16.6～26.6℃	22.2～32.2℃	33.3～43.3℃
草莓	3.45	2.10	2.20		
桃子	4.10	3.15	2.25		
柠檬	3.95	1.70	1.95	2.00	
橘子	3.30	1.80	1.55	1.60	
葡萄	3.35	2.00	1.45	1.695	2.50

表6-6　部分蔬菜呼吸速率的温度系数Q_{10}

种类	Q_{10}	
	0.5～10.0℃	10.0～24.0℃
芦笋	3.7	2.5
豌豆	3.9	2.0
豆角	5.1	2.5
菠菜	3.2	2.6
辣椒	2.8	2.3
胡萝卜	3.3	1.9
莴苣	1.6	2.0
番茄	2.0	2.3
黄瓜	4.2	1.9

续表

种类	Q_{10}	
	0.5～10.0℃	10.0～24.0℃
马铃薯	2.1	2.2

（三）低温对其他变质因素的影响

引起食品变质的因素除了上述所说的微生物及酶促反应外，还有其他一些因素的影响。微生物生长的适应条件见表6–7。

表6–7 微生物生长的适应性

菌种和食品	在下列各温度中出现可见生长现象的时间/d				
	–5℃	–2℃	0℃	2℃	5℃
灰绿葡萄孢（Botrytis Pers）					
新鲜蛇莓	—	25	17	17	7
来自蔬菜储藏库（6℃）的胡萝卜	—	18	10	10	6
来自蔬菜储藏库（6℃）的卷心菜	42	17	11	11	6
–5℃温度中培养8代后适应菌	7	—	—	—	—
腊叶芽之美（Clados porun herloarum L.）					
冻蛇莓和醋栗	—	20	20	35	—
冻梨	19	6	6	6	—
羊肉	18	18	18	16	—
–5℃温度中培养3代后适应菌	12	—	—	—	—

二、食品冷藏

（一）食品冷藏工艺

食品冷藏的工艺效果主要决定于储藏温度、空气湿度和空气流速等。表6–8为一些食品的适宜冷藏工艺条件。

表6-8　部分食品的适宜冷藏工艺条件

品名	最适条件		储藏期	冻结温度/℃
	温度/℃	湿度/%	储藏期/d	冻结温度/℃
橘子	3.3 ~ 8.9	85 ~ 90	21 ~ 56	−1.3
葡萄柚	14.4 ~ 15.6	85 ~ 90	28 ~ 42	−2.0
柠檬	14.4 ~ 15.6	85 ~ 90	7 ~ 42	−1.1
酸橙	8.9 ~ 10.0	85 ~ 90	42 ~ 56	−1.4
苹果	−2.3 ~ 4.4	90	90 ~ 240	−1.6
西洋梨	−1.1 ~ 0.6	90 ~ 95	60 ~ 210	−1.5
桃子	−0.6 ~ 0	90	14 ~ 28	−1.6
杏	−0.6 ~ 0	90	7 ~ 14	−0.9
李子	−0.6 ~ 0	90 ~ 95	14 ~ 28	−1.0
油桃	−0.6 ~ 0	90	14 ~ 28	−0.8
樱桃	−1.1 ~ 0.6	90 ~ 95	14 ~ 21	−0.9
葡萄（欧洲系）	−1.1 ~ 0.6	90 ~ 95	90 ~ 180	−1.8
葡萄（美国系）	−0.6 ~ 0	85	14 ~ 56	−2.2
柿子	−1.1	90	90 ~ 120	−1.3
杨梅	0	90 ~ 95	5 ~ 7	−2.2
西瓜	7.2 ~ 10.0	85 ~ 90	21 ~ 28	−0.9
香蕉（完熟）	15 ~ 20	90 ~ 95	2 ~ 4	−0.9
木瓜	13.3 ~ 14.4	85	7 ~ 21	−0.8
菠萝	7.2	85 ~ 90	14 ~ 28	−0.9
番茄（绿熟）	7.2 ~ 12.8	85 ~ 90	7 ~ 21	−1.1
番茄（完熟）	12.8 ~ 21.1	85 ~ 90	4 ~ 7	−0.6

续表

品名	最适条件		储藏期	冻结温度/℃
	温度/℃	湿度/%	储藏期/d	冻结温度/℃
黄瓜	7.2 ~ 10.0	85 ~ 90	10 ~ 14	−0.5
茄子	7.2 ~ 10.0	90 ~ 95	7	−0.5
青椒	7.2 ~ 10.0	90	2 ~ 3	−0.8
青豌豆	7.2 ~ 10.0	90 ~ 95	7 ~ 21	−0.7
扁豆	0	90 ~ 95	7 ~ 10	−0.6
菜花	0	90 ~ 95	14 ~ 28	0.6
白菜	0	90 ~ 95	60	−0.8
莴苣	0	90 ~ 95	14 ~ 21	—
菠菜	0	95	10 ~ 14	−0.2
芹菜	0	90 ~ 95	60 ~ 90	−0.3
胡萝卜	0	90 ~ 95	120 ~ 150	−0.5
土豆（春收）	12.8	62	60 ~ 90	—
土豆（秋收）	10.0 ~ 12.8	70 ~ 75	150 ~ 400	−0.8
蘑菇	10.0	90	3 ~ 4	−0.6
牛肉	3.3 ~ 4.4	90	21	−0.6
猪肉	−1.1 ~ 0	85 ~ 90	3 ~ 7	0.9
羊肉	0 ~ 1.1	85 ~ 90	5 ~ 12	−2.2
家禽	−2.2 ~ 1.1	85 ~ 90	10	−2.2
腌肉	−2.2	80 ~ 85	180	−1.7
肠制品（鲜）	−0.5 ~ 0	85 ~ 90	7	−2.8
肠制品（烟熏）	1.6 ~ 4.4	70 ~ 75	6 ~ 8	−3.3

续表

品名	最适条件		储藏期	冻结温度/℃
	温度/℃	湿度/%	储藏期/d	冻结温度/℃
鲜鱼	0 ~ 1.1	90 ~ 95	5 ~ 20	−3.9
蛋类	0.5 ~ 4.4	85 ~ 90	270	−1.0
全蛋粉	−1.7 ~ 0.5	尽可能低	180	−0.56
蛋黄粉	1.7	尽可能低	180	—
奶油	7.2	85 ~ 90	270	—

（二）冷藏食品的回热

经过冷藏的食物刚刚拿出来后不能立即食用，最好对其进行回热后再吃。所谓回热，简单地说也就是在保证空气中的水分不会在冷藏食品表面上冷凝的前提下，逐渐提高冷藏食品的温度，使其最终与外界空气温度一致。

回热过程中的技术关键是必须使与冷藏食品的冷表面接触的空气的露点温度始终低于冷藏食品的表面温度，否则食品表面就会有冷凝水出现。图6-13所示可以说明这个问题。

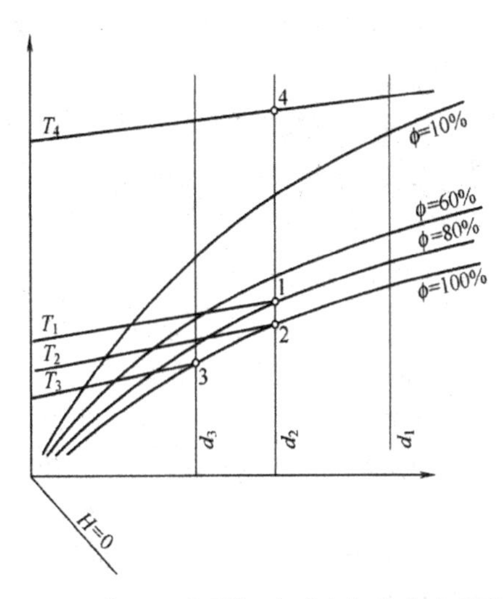

图6-13　食品干表面温度对空气状态变化的影响

而事实上，我们日常生活中所冷藏的食品其表面很多时候未必是干表面。在回热过程中，食品在吸收暖空气所提供的热量的同时也向空气中蒸发了水分，这样空气不仅温度下降了，而且湿含量也增加了，如图6–14所示，通过图中显示的变化趋势就能够看到，在*H-d*图（湿焓图）上空气状态沿1"—2’变化。

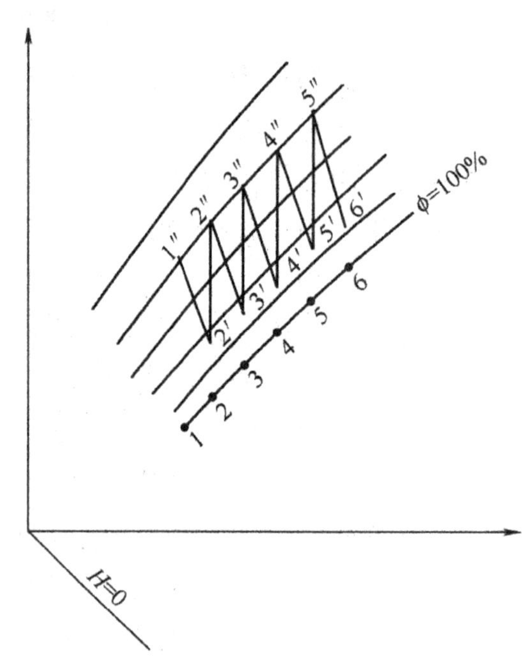

图6–14　冷藏食品回热时空气状态在*H-d*图上的变化

为了避免回热过程中食品表面出现水分的冷凝，在实际操作中不能让温度一直下降到与空气饱和相对湿度线相交。当暖空气状态降至2'时，就需重新加热，提高其温度，降低相对湿度，直到空气状态达到点2"为止。这样循环往复，直到使食品的温度上升到比外界空气的露点温度稍高为止。

三、食品冻藏

（一）冷冻食品的前准备

储藏冻藏食品的冷库常称为低温冷库或冻库。冻藏是易腐食品长期储藏的重要保藏方法。

我们日常生活中见到的任何冻制食品，它们最后的品质及其耐藏性的决定因素主要有以下四个方面：

（1）进行冷冻食品原料的成分和性质。

（2）进行冷冻食品原料的严格选用、处理和加工。

（3）对食品进行冻结所使用的方法。

（4）对食品的储藏情况。

对于冷冻食品的选择，应尽量选用新鲜优质原材料，对于水果、蔬菜来说，应选用适宜冻制的品种，并在成熟度最高时采收。此外，为了避免酶和微生物活动引起不良变化，采收后应尽快冻制。

除了上述所说的食材的选择之外，还要对冷冻食品进行物料的前处理。蔬菜原料冻制前首先应进行清洗、除杂，以清除表面的尘土、昆虫、汁液等杂质，减少微生物的污染。由于低温并不能破坏酶，为了提高冻制蔬菜的耐藏性，还需要将其在100℃热水或蒸汽中进行预煮。预煮时间随蔬菜种类、性质而异，常以过氧化酶活性被破坏的程度作为确定所需时间的依据。预煮同时也杀灭了大量的微生物，但仍有不少嗜热细菌残留下来，为了阻止这些残存细菌的腐败活动，预煮后应立即将原料冷却到10℃以下。

我们在日常生活中经常使用到的是食品的冻结点，见表6-9，在实际的运用中可以参考此表中的数据。

表6-9　几种常用食品冻结点

品种	冻结点/℃	含水量/%	品种	冻结点/℃	含水量/%
牛肉	-1.7 ~ -0.6	71.6	干酪	-8	55
猪肉	-2.5	60	葡萄	-2.2	81.5
鱼肉	-2 ~ -0.6	70 ~ 85	苹果	-2	87.9
蛋白	-0.45	89	青豆	-1.1	73.4
蛋黄	-0.65	49.5	橘子	-2.2	88.1
牛奶	-0.5	88.6	香蕉	-3.4	75.5
黄油	-1.8 ~ -1	15			

（二）冷冻食品的包装

冻制食品包装能保持食品的卫生，并能防湿、防气、防脱水，使保藏期延长。用于冻制食品的包装材料需具备耐低温、耐高温、耐酸碱、耐油、气密性好、能印刷等性能。

1. 冷冻食品包装的特点

（1）耐水性。速冻食品的包装材料具有防止水分渗透以减少干耗的作用。但不透水的包装材料会由于环境温度的改变而容易在材料上凝结雾珠，使透明度降低，故使用时需考虑环境温度。

（2）耐温性。首先冷冻食品包装最需要具备的就是能耐低温，因为我们的食物是要进行冷冻的，需要给食物的是最低的温度，而能够实现这一点的就是纸，通常情况下纸能够在-40℃以下仍能保持其柔软性。当然不是只有纸才能够做到这一点，铝箔和塑料也同样可以发挥这样的作用，一般来说在-30℃时还能保持其柔软性，但塑料在超低温时会脆化。另外还需具有一定的耐高温性，一般以能耐100℃沸水30min为合格。

（3）耐光性。放在超市冻藏陈列柜中的速冻包装食品经常受荧光灯照射，因此选用的包装材料及印刷颜料必须耐光，否则包装材料的色彩恶化会使其商品价值下降。

（4）透气性。须采用透气性低的材料，以保持速冻食品的特殊香气及防止干耗。也可在包装袋中加入抗氧化剂或紫外线吸收剂，以防止包装材料老化出现气孔，使透气性增加而带来氧化。

2. 冻制食品的保藏条件

在任何食品进行冻制之前，都需要对食品冻制所要的温度进行一定的了解，通常情况下有下面几点要求：

（1）一般来说，速冻食品的温度不超过-18℃。

（2）食品的冻藏温度一般维持在不超过（18±1）℃。

（3）当食品所在的环境中空气的流速为自然循环时，一般保持在0.05~0.15m/s。

（4）相对湿度不低于95%。

另外，除了上述所说的食品温度的限制以外，对于我们日常生活中经常食用的食品的冻藏期限也是有一定的要求的，见表6-10。

表6-10 食品冻藏期限表

食品种类	冻藏期/月		
	-18℃	-25℃	-30℃
糖水桃、杏或樱桃（酸或甜）	12	18	24
柑橘类或其他浓缩汁	24	>24	>24
芦笋	15	>24	>24
花椰菜	15	24	>24
芽甘蓝	15	24	>24
胡萝卜	18	>24	>24

续表

食品种类	冻藏期/月		
	-18℃	-25℃	-30℃
菜花	15	24	>24
玉米棒	12	18	24
豌豆	18	>24	>24
油炸土豆	24	>24	>24
菠菜	18	>24	>24
牛肉白条	12	18	24
适烤的小牛肉、带骨小牛肉	9	10 ~ 12	12
适烤的牛肉、牛排（包装）	12	18	24
牛肉末（包装、未加盐）	10	>12	>12
小牛肉白条	9	12	24
小羊肉白条	9	12	24
适烤的小羊肉、带骨小羊肉	10	12	24
猪肉白条	6	12	15
适烤的猪肉、带骨猪肉	6	12	15
咸肠	2 ~ 4	6	12
猪油	9	12	12
去内脏的禽类、鸡和火鸡（包装）	12	24	24
可食用的内脏	6	9	12
小虾	6	12	12
小虾（真空包装）	12	15	18
鲜奶油	6	12	18
冰淇淋	6	12	18

四、食品冷冻干燥保藏技术

冷冻干燥是利用冰晶升华的原理，将已冻结的食品物料置于高真空度的条件下，使其中的水分从固态直接升华为气态，从而使食品干燥。冷冻干燥技术早期用于医药领域，目前已成功运用于食品工业。

从整体上来看，冷冻干燥食品具有以下几个方面的优点：

（1）所进行冷冻干燥的食品，观察其外表可以发现其表面没有硬化，组织总是呈现出一种多孔的海绵状，复水性能较好，食用起来比较方便，稍加浸泡之后就可复原成原来的状态。

（2）经过冷冻干燥后的食品能保持食品原来的组织结构、营养成分和风味物质基本不变，在这里需要特别注意的是，经过冷冻干燥后的食品其生理活性成分保留率最高。

（3）经过冷冻干燥后的食品质量轻，耐保藏，对环境温度没有特别的要求，在避光和抽真空充氮包装时，常温条件下可保持两年左右，其保存、销售等经常性费用远远低于非冻干食品。

（4）经过冷冻干燥后的食品从其外观上来看不干裂、不收缩，并且很多时候能够维持食品原有的外形和色泽。

任何事物都不可能是十全十美的，冷冻干燥技术在进行的过程中同样也存在着一些缺憾，主要表现在以下方面。

（1）冷冻干燥的时间一般较长，要不停地供热，还要不停地抽真空，致使设备的操作费用较高。

（2）冻干食品的生产需要一整套高真空设备和低温制冷设备，设备的投资费用较大。

五、食品保藏中的冷藏库与冷藏链

食品冷藏库是用人工制冷的方法对易腐食品进行加工和保藏，以保持食品食用价值的设备，是冷藏链的一个重要环节。

（一）食品冷藏库的分类

冷藏库的类型多种多样，根据不同的划分标准可以划分出不同的门类，以下是常见的几种划分标准。

1. 温度

根据温度的不同可以将冷库的类型划分为高温冷藏库（-2℃以上）和低温冷藏库（-15℃以下）两种。对于室内装配式冷藏库，按照我国

ZBX99003-86专业标准进行分类，可将冷库的类型划分，比较常见的几种类型见表6-11。

表6-11　装配式冷库分类

冷库种类	L级冷库	D级冷库	J级冷库
冷库代号	L	D	J
库内温度/℃	-5 ~ 5	-18 ~ -10	-23

2. 使用性质

下面是根据不同的使用性质对冷库进行的不同类别的划分。

（1）零售性冷库。一般是建在较大的副食商店、菜场、工矿企业内，仅用于为消费者直接服务的一种冷库。特点是库容量小，保存时间短，品种多。

（2）综合性冷库。这类性质的冷库兼有生产性、分配性两种冷库的特点，既有较大的冷藏容量以容纳大量货物进行较长期的保存，满足市场的供应和调拨，又设有相当大的冷却冻结设备，满足收购进来的货物的冷却和冻结加工。

3. 冷库层数与位置

按冷藏库层数和所处位置分类，可以划分为以下几种类型：

（1）单层冷库。顾名思义，单层冷库的意思就是只有一层的冷库。

（2）多层冷库。这种类型的冷库从层数上来看基本上在两层以上，这样的称为多层冷库。

（3）山洞冷库。从字面意义上来理解即可发现，这种类型的冷库肯定与山洞有关系，简单地说就是利用山洞作为冷库。

（4）地下冷库。从“地下”这两个字就知道这种类型的冷库一定是修建在地表以下的冷库。

4. 容量

就目前来看，冷藏库容量规模的划分还不是十分统一，我国商业系统冷藏库按容量基本上可划分为四类，按照容量进行划分的冷库类别见表6-12。

表6-12　冷库的类别

容量分类	容量/t	冻结能力/（t/天）	
		生产性冷藏库	分配性冷藏库
大型冷藏库	10000以上	120 ~ 160	60 ~ 80
大中型冷藏库	5000 ~ 10000	80 ~ 120	40 ~ 60

续表

容量分类	容量/t	冻结能力/（t/天）	
		生产性冷藏库	分配性冷藏库
中小型冷藏库	1000～5000	40～80	20～40
小型冷藏库	1000以下	20～40	<20

（二）食品冷藏链设备

这一部分主要针对食品冷藏链的运输设备进行分析，冷冻运输设备是指在保持一定低温的条件下运输冷冻食品所用的设备，是食品冷藏链的重要组成部分。

从另一个角度来说，冷冻运输设备其实就是一个可以随时移动的小型冷藏库。通常我们在生活中经常会用到的冷冻运输设备有冷藏集装箱、冷藏火车、冷藏汽车、冷藏船等。这里仅对前两种设备进行介绍。

1. 冷藏集装箱

冷藏集装箱出现于20世纪六七十年代后期，是能保持一定低温，用来运输冷冻加工食品的特殊集装箱。冷藏集装箱具有钢质轻型骨架，内、外贴有钢板或轻金属板，两板之间充填隔热材料。常用的隔热材料有玻璃棉、聚苯乙烯、发泡聚氨酯等。冷藏集装箱的冷却方式有很多，多数利用机械制冷机组，少数利用其他方式（冰、干冰、液化气体等）。

冷藏集装箱的优点是：更换运输工具时，不需要重新装卸食品，不会造成食品反复升温；装卸速度很快，使整个运输时间明显缩短，降低了运输费用。

2. 冷藏火车

冷藏火车共有以下三种类型：

（1）机械制冷的冷藏火车。机械冷藏车有以下几个方面的优点：①在运行过程中不需要加冰，可以缩短运输时间，加速货物送达，加速车辆周转；②在内部备有电源，更加方便实现制冷、加温、通风、循环、融霜的自动化；③使用制冷机进行运作，因此可以在车内获得与冷库相同水平的低温。

（2）干冰制冷的冷藏火车。假如在运输的过程中遇到某些食品不能与冰、水直接接触的情况时，就可以采用干冰代替水冰。可将干冰悬挂在车厢顶部或直接将干冰放在食品上。

用干冰冷藏运输新鲜发酵食品时，空气中的水蒸气会在干冰容器表面上结霜。干冰升华完之后，容器表面的霜会融化成水滴落到食品上。为此，要在食品表面覆盖一层防水材料。

（3）用冰制冷的冷藏火车。这种冷藏火车的冷源是冰，可分为带冰槽与不带冰槽两种。不带冰槽的冷藏火车主要用来运输不怕与冰、水接触的冷冻水产品。带冰槽的冷藏火车主要用来运输不宜与冰、水直接接触的冷冻食品。冰制冷的冷藏火车若车厢内要求维持0℃以下的低温，可用冰盐混合物代替纯冰，车厢内温度最低可达-8℃。

第四节　发酵食品的罐藏技术

一、食品的装罐

（一）装罐前容器的准备

食品在装罐前，首先要依据发酵食品种类、性质、产品要求及有关规定选择合适的空罐，然后再进行充分的清洗，以除去空罐中的灰尘、微生物、油脂等污物及氯化锌等残留物（如图6-15所示为MDG型浸洗和喷洗组合洗瓶机示意图）。清洗之后再用漂白粉溶液消毒。消毒后，应将容器沥干并立即装罐，以防止再次污染。

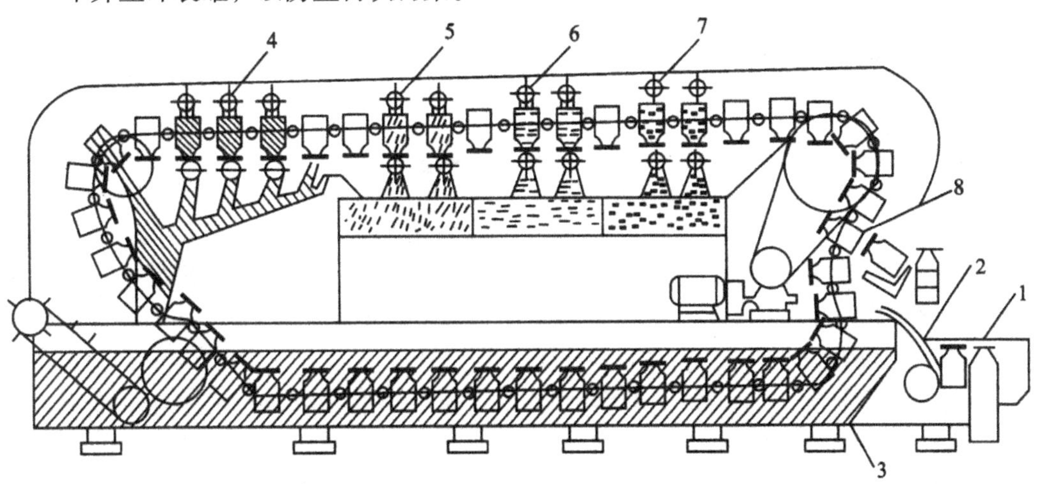

图6-15　MDG型浸洗和喷洗组合洗瓶机

1—平板链节输送带（载玻璃瓶用）；2—圆弧形轨道（供玻璃瓶在推瓶杆推动下沿轨提升，送入瓶模）；3—60℃、1% ~ 5%NaOH 溶液浸槽；4—高压碱液内外冲洗；5—高压水内外冲洗；6—高压水二次内外冲洗；7—低压、低温水冲洗；8—玻璃瓶从瓶模中下滑

（二）食品的装罐要求和过程

1. 装罐的基本要求

（1）时间。原料经过清洗、挑选、分级、切分、去皮、去核、打浆、榨汁及烹调预处理后，应迅速装罐，否则会因微生物的繁殖而使半成品中微生物数量骤增，甚至使半成品变质，影响杀菌效果和产品质量。

（2）顶隙。顶隙是指罐内食品表面层或液面与罐盖间的空隙。留顶隙的目的在于调味、利于传热、防止胀罐、提高杀菌效果。顶隙的多少因食品种类、加工工艺等不同而异。

（3）卫生。食品装罐时要特别重视清洁卫生。装罐人员一定要注意卫生，禁止戴手表、戒指、耳环等进行装罐操作，要穿戴洁净的工作服和工作帽；工作环境要干净，工作台要整洁，严禁食品中混入杂物。

2. 装罐的方法

（1）人工装罐 。适用于不便自动装罐的食品，一般情况下，肉禽、水产、水果、蔬菜等块状或固体产品等，大多采用人工装罐，如大型的软质果蔬块，鱼、肉禽块等，这些产品原料差异较大，装罐时需要挑选以进行合理的搭配而需采用人工装罐。人工装罐简单且具有广泛的适应性，但装量误差较大，劳动生产率低，清洁卫生不易保证。

（2）机械装罐 。颗粒状、流体、半流体、糜状产品等均一性食品大多采用机械装罐，如饮料、酒类、午餐肉、果酱、果汁、青豆、甜玉米、番茄酱、汤汁等食物。机械装罐速度快，装量均匀，适用于连续性生产，便于清洗，并可维持一定的清洁卫生水平，装量准确。但不能满足式样装罐的需要，适应性差。

3. 加注液体

装罐之后，注液可以排除罐内部分空气，减小杀菌时的罐内压力，减轻罐头食品在贮藏过程中的变化。加注汁液的种类一般视罐头的品种而定，如加注清水、盐水、调味液等。大多数工厂采用自动注液机或半自动注液机加注汁液，也有一些仍采用人工加注汁液。

4. 预封

预封是在食品装罐后用封罐机初步将盖钩卷入到罐身翻边下，进行相互勾连的操作。预封的目的之一就是提高罐头的真空度，延长发酵食品的保存时间。

二、罐头的密封

（一）金属罐的密封

封罐机的种类、样式有很多，封罐速度也各不相同，但是它们封口的主要部件基本相同，二重卷边就是在这些部件的协同作用下完成的。为了形成良好的卷边结构，封口的每一个部件都必须符合要求，否则将影响罐头的密封质量。封罐机械有手扳封罐机、半自动封罐机、自动封罐机、真空封罐机及蒸汽喷射封罐机等。

就封罐机来说，虽然样式很多，生产能力各异，但它们都有共同的工作部件，如压头、托底板、一对头道滚轮和一对二道滚轮。封口机完成罐头的封口主要靠压头、托盘、头道滚轮和二道滚轮这四大部件，在它们的协同作用下完成金属罐的封口，如图6-16所示。

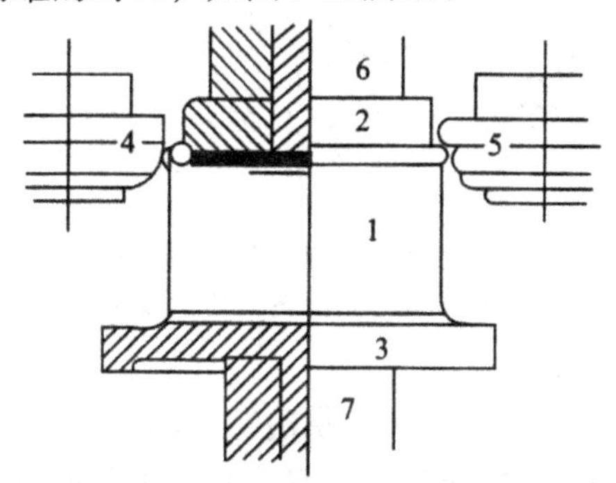

图6-16　封口时罐头与四部件的相对位置

1—罐头；2—压头；3—托盘；4—头道滚轮；
5—二道滚轮；6—压头主轴；7—转动轴

（1）压头。压头的主要作用是固定罐身与罐盖的位置，使滚轮卷边压紧，不让罐头在封口时发生移动，以保证卷边质量。压头的尺寸应严格按要求确定，误差不允许超过25.4μm，压头的大小按罐型直径加以选择。

压头凸缘的厚度必须与罐头的埋头度相吻合，压头的中心线和凸缘面必须成直角。压头由耐磨的优质钢制造，以经受滚轮压槽的挤压力。

（2）托盘。托盘的作用是搁置罐身并托起罐头使压头嵌入罐盖内，并与压头一起固定、稳住罐头，以利于卷边封口。

（3）滚轮。滚轮是由坚硬耐磨的优质钢材制成的，分为头道滚轮和二道滚轮，其外形轮廓和尺寸基本是一致的，仅滚轮槽形部位不同，其作用也不同。滚轮的主要工作部分转压槽的结构曲线示意图，如图6-17所示。头道滚轮的转压槽沟深，且上部的曲率半径较大，下部的曲率半径较小；

二道滚轮的转压槽沟浅，且上部的曲率半径较小，下部的曲率半径较大。

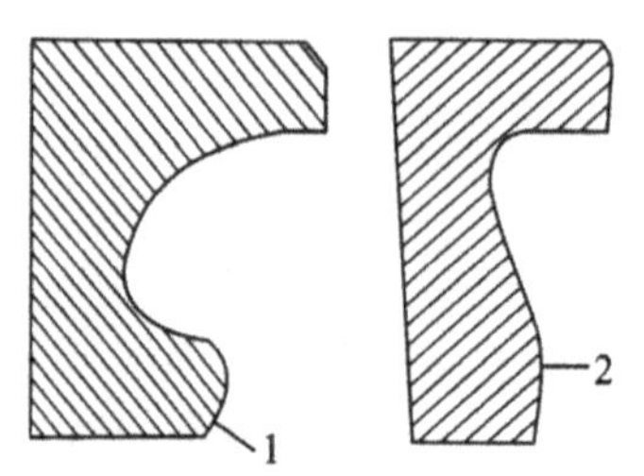

图6-17　滚轮转压槽的结构曲线示意图

1—头道滚轮；2—二道滚轮

二重卷边的形成过程就是滚轮沟槽与罐盖接触造成卷曲推压的过程。[1]如图6-18所示为封罐各阶段的状态。

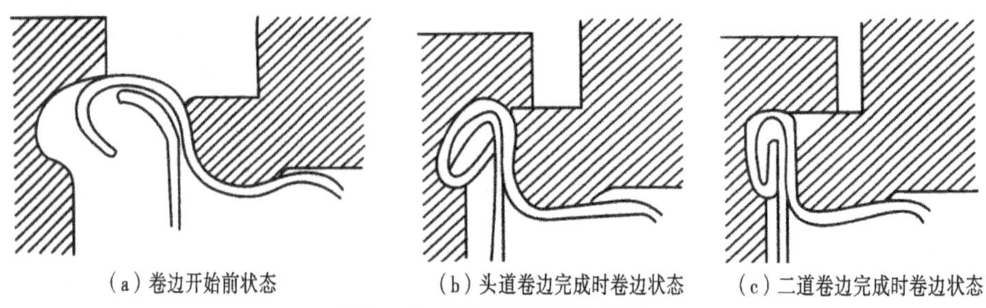

（a）卷边开始前状态　（b）头道卷边完成时卷边状态　（c）二道卷边完成时卷边状态

图6-18　封罐各阶段的状态

（二）软罐头的密封

软罐头的密封要求复合塑料薄膜边缘上的内层薄膜熔合在一起，达到密封的目的。热熔封口方法常用电加热密封法和脉冲密封法。

1.电加热密封法

电加热密封法采用金属制成的热封棒来密封袋口，该热封棒表面用聚四氟乙烯布作保护层。通电后热封棒发热到一定温度，使袋口内层薄膜熔融，然后加压黏合。为了提高密封强度，热熔密封后再冷压一次。

2.脉冲密封法

脉冲密封法是通过高频电流使加热棒发热而达到密封目的。脉冲密封法的特点是即使接合面上有少量的水或油附着，热封后仍能密切接合，操作方便，适用性广，其接合强度大，密封强度也胜于其他密封法。这一密

[1]当罐身和罐盖同时进入封罐机内的封口作业位置后，在压头和托盘的配合作用下，共同将罐身及罐盖夹住，罐盖被固定在罐身筒的翻边上，封口压头套入罐盖的肩胛底内径，然后先是一对头道滚轮作径向推进，逐渐将盖钩滚压至身钩下面，同时盖钩和身钩逐步弯曲，两者逐步相互钩合，形成双重的钩边，使二重卷边基本定型。

封法是目前用得最普遍的方法。

第五节　发酵食品的干制贮藏保鲜技术

一般情况下固态的食品，干燥后容积缩减的程度小，如谷物；液态的食品，干燥后粉末的容积就很小。表6-13中的数据就很好地说明了干制品的容积低于新鲜的、罐藏的或冷冻食品的容积。[1]

表6-13　各种新鲜食品和保藏食品的容积

单位：m^3/t

食品种类	新鲜食品	干制品	罐藏或冷冻食品
水果	1.42 ~ 1.56	0.085 ~ 0.20	1.416 ~ 1.699
蔬菜	1.42 ~ 2.41	0.142 ~ 0.708	1.416 ~ 2.407
肉类	1.42 ~ 2.41	0.425 ~ 0.566	1.416 ~ 1.699
蛋类	2.41 ~ 2.55	0.283 ~ 0.425	0.991 ~ 1.133
鱼类	1.42 ~ 2.12	0.566 ~ 1.133	0.850 ~ 2.124

一、食品干燥保藏的原理

（一）湿物料的水分活度

湿物料中含有水分时，有一部分水分由于受溶质的束缚，不能参加各类化学反应，也不能被微生物利用，这部分水分为无效水分。只有和溶质结合力小或处于游离状态的水分才能参加各类化学反应，而且能被微生物利用，可用水分活度表示有效水分大小。

食品中的水分活度可以用蒸汽压的关系来表示：

[1]容积缩小和质量减轻可以显著地节省包装、贮藏和运输费用，并且还便于携带，供应比未经处理的食品更加方便、快捷。

$$A_W = \frac{P_W}{P_0}$$

式中：A_W为水分活度；P_W为物料表面的蒸汽压；P_0为纯水表面的蒸汽压。

水分活度与微生物、酶等生物、化学、物理反应的关系也被微生物学家、食品科学家所接受，广泛应用于食品干燥、冻结过程的控制以及食品法规标准。美国对低酸罐头的划分，除定出pH>4.6外，还定出其水分活度的界限（A_W>0.85）。水分活度已成为指导腌菜、发酵食品和酸化食品品质控制的基础数据，也成为影响食品贮藏稳定性的重要因素。水分活度范围与食品变性之间的关系见表6-14。

表6-14　水分活度范围与食品变性反应

A_W	主要变性反应类型	可能引起的变性反应类型
1	微生物生长	酶的反应
0.91	细菌生长	
0.88	酵母生长	
0.80	霉菌生长	
0.65 ~ 0.8	酶的反应	非酶褐变（微生物生长）
0.75	脂肪分解及褐变反应	嗜盐细菌生长
0.70		耐渗透酵母
0.65		耐旱霉菌
0.30 ~ 0.65	非酶褐变	酶的反应、自动氧化
0.3 ~ 0	自动氧化、物理变化	非酶褐变、酶的反应

实际上食品中的溶液很复杂，不是所有的水都能作为溶剂，一部分水将与可溶性成分结合，也可能与不溶性成分结合。因此，目前主要通过试验方法测得食品中的水分活度。

（二）湿物料的平衡水分

在固定空气相对湿度下，食品的平衡水分主要取决于它的化学组成以及其所处的状态（温度、压力等）。对于大多数物料，随着温度的提高，平衡水分降低；当物料水分很大，相当于φ=80% ~ 100%时，空气的温度对平衡水分影响最大。一些食品的平衡水分数据见表6-15。

表6-15　一些食品的平衡水分

物料	相对湿度/%								
	10	20	30	40	50	60	70	80	90
面粉	2.20	3.90	5.05	6.90	8.50	10.08	12.60	15.80	20.00
白面包	1.00	2.00	3.10	4.60	6.50	8.50	11.40	13.90	18.90
淀粉	2.20	3.80	5.20	6.40	7.40	8.30	9.20	10.60	12.70
黑面包干	4.90	—	7.10	—	9.75	10.40	11.75	16.85	—
粗饼干	1.50	2.55	3.50	4.00	5.05	6.90	8.70	11.10	13.00
通心粉	5.00	7.10	8.75	10.60	12.30	13.75	16.60	18.85	22.40
烟叶	7.40	10.80	13.90	16.35	19.80	23.00	27.10	33.40	—
饼干	2.10	2.80	3.30	3.50	5.00	6.50	8.30	10.90	14.90
茶叶（1.3mm）	—	6.90	8.00	8.50	8.70	9.00	15.00	21.00	28.00
茶叶（5mm）	—	6.50	8.00	8.90	9.80	10.50	16.00	22.00	32.00
白明胶	—	1.60	2.80	3.80	4.90	6.10	7.60	9.30	11.40
苹果	—	—	5.00	—	11.00	18.00	25.00	40.00	60.00
硬粒小麦	—	—	9.30	—	—	13.00	—	—	24.00
黑麦	6.00	8.40	9.50	12.00	—	14.00	16.00	19.50	26.00
燕麦	4.60	7.00	8.60	10.00	11.60	13.60	15.00	18.00	22.50
大麦	6.00	8.50	9.60	10.60	12.00	14.00	16.00	20.00	—
稻米	5.50	8.00	10.00	11.40	12.50	14.50	16.00	18.50	22.00
荞麦	5.00	8.00	10.00	11.20	12.50	14.50	16.50	19.50	23.50
向日葵	—	—	—	5.30	6.30	7.40	8.50	10.00	12.00
亚麻	—	—	—	5.40	6.30	7.40	8.50	10.20	13.80

续表

物料	相对湿度/%								
	10	20	30	40	50	60	70	80	90
大麻	—	—	—	5.00	5.90	7.17	8.40	9.90	12.70
大豆	—	—	—	—	—	8.40	10.00	12.60	19.50

如果物料的表面蒸汽分压P_W大于空气中的蒸汽分压P_K（$P_W>P_K$），则物料脱水干燥，称解吸作用。

（三）解吸与吸附

在上文中我们对解吸与吸附有了初步的了解，干燥或吸湿过程中食品水分状态的变化可以在恒温空气中食品平衡水分（W_P）和相对湿度（φ）的关系中有所反映。

如图6-19所示为马铃薯吸附等温线示意图。分析图6-19中的数据可以发现，如果P_W和P_K间的平衡状态是由湿物料中蒸发水分达到的，则这种φ与W_P的关系曲线称为解吸等温线（脱水等温线），如果曲线是由物料吸湿形成的，称为吸附等温线。

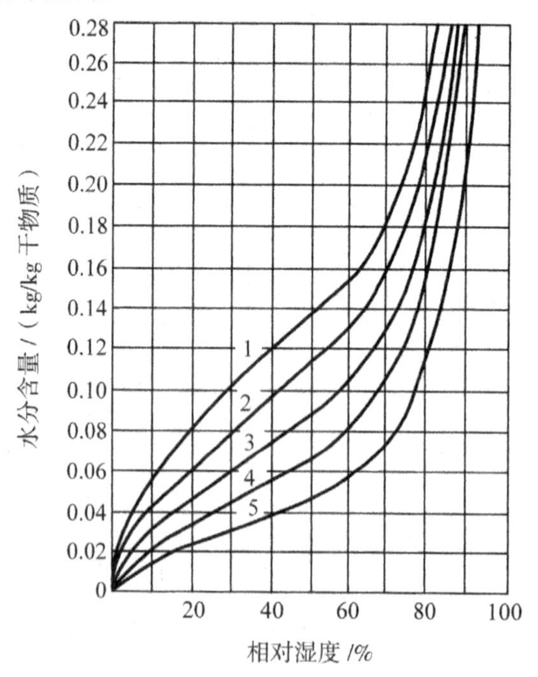

图6-19　马铃薯吸附等温线

1—温度 20℃；2—温度 40℃；3—温度 60℃；4—温度 80℃；5—温度 100℃

和空气相对湿度与水分含量关系一样，但从吸附等温线上能分析物料中的水分状态。如图6-20所示为典型的食品物料吸附等温线。

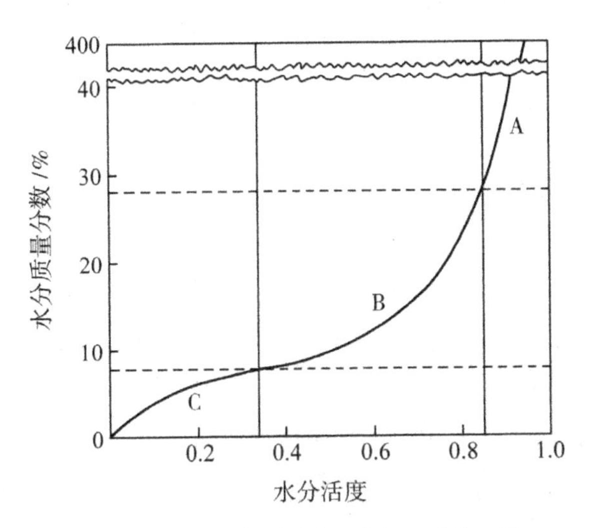

图6-20　典型的食品物料吸附等温线

通过对上述图中数据的分析可发现，区域C段的曲线凸向水分含量坐标轴（y轴），其水分为受到束缚的水分，通过固体分子（常为极性分子）相互作用形成BET（Brunauer Emmet-Teller）单分子层或多分子层水分，水分含量的变化较显著影响到水分活度的变化。这部分水较紧密结合在食品特定部位，通常在干燥过程中不易将其除去。几种食品的BET单分子层水分及其最大的结合能见表6-16。

表6-16　几种食品的BET单分子层水分及其最大的结合能

物质	近似BET单分子水分固体/（gH_2O/g固体）	最大结合能	
		KJ/mm	Kcal/mol
淀粉	0.11	58.52	-14
多聚半乳糖酸	0.04	83.6	-20
明胶	0.11	5.016	-12
乳糖（无定型）	0.06	48.49	-11.6
葡聚糖	0.09	50.16	-12

续表

物质	近似BET单分子水分固体/（gH_2O/g固体）	最大结合能	
		KJ/mm	Kcal/mol
马铃薯片	0.05	—	—
喷雾干燥全脂乳粉	0.03	—	—
冷冻干燥牛肉	0.04	50.16	-12

二、食品干燥保藏的方法与设备

食品干燥处理的方式有很多，这里主要针对空气对流干燥、接触干燥与真空干燥三种处理工艺，以及对在这三种干燥形式下所使用的设备进行分析。

（一）空气对流干燥

空气对流干燥是最常见的食品干燥方法。这类干燥在常压下进行，食品可分批或连续地干燥，而空气则自然地或强制地对流循环。

空气对流干燥可用于不同类型的食品干燥，在使用的时候可以根据以下标准进行选择，以便更好地达到我们想要的效果。

（1）喷雾干燥。喷雾干燥就是将液态或浆质态食品喷成雾状液滴，悬浮在热空气气流中进行脱水干燥。[1]如图6-21所示为喷雾干燥装置的工艺流程示意图。

（2）输送带式干燥。输送带式干燥设备中除载料系统由输送带取代装有料盘的小车外，其余部分基本上和隧道式干燥设备相同。但使用这种载料系统能减轻装卸物料的体力劳动和费用，操作可连续化，甚至可完全自动化。生产季节中大量干燥单一产品时使用这种设备最为合适。

如图6-22所示为二段连续输送带式干燥设备示意图，其中第一段为逆流带式干燥器，第二段为交流带式干燥器。干燥段内各区的空气温度、相对湿度和流速可分别控制。

[1]喷雾干燥只适用于那些能喷成雾状的食品（如牛乳、鸡蛋、蛋黄、蛋清、血蛋白、咖啡浸液等），现在也用于干燥果蔬汁和番茄酱汤料等。

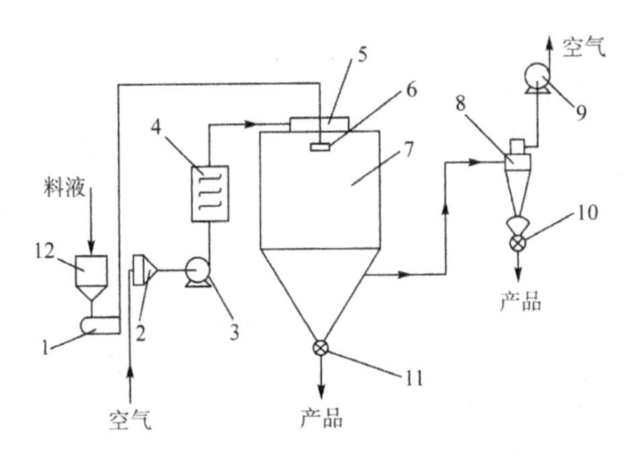

图6-21　喷雾干燥装置的工艺流程

1—供料系统；2—空气过滤器；3—鼓风机；
4—空气加热器；5—热风分布器；6—雾化器；
7—干燥室；8—旋风分离器；9—引风机；
10、11—卸料阀；12—料液贮槽

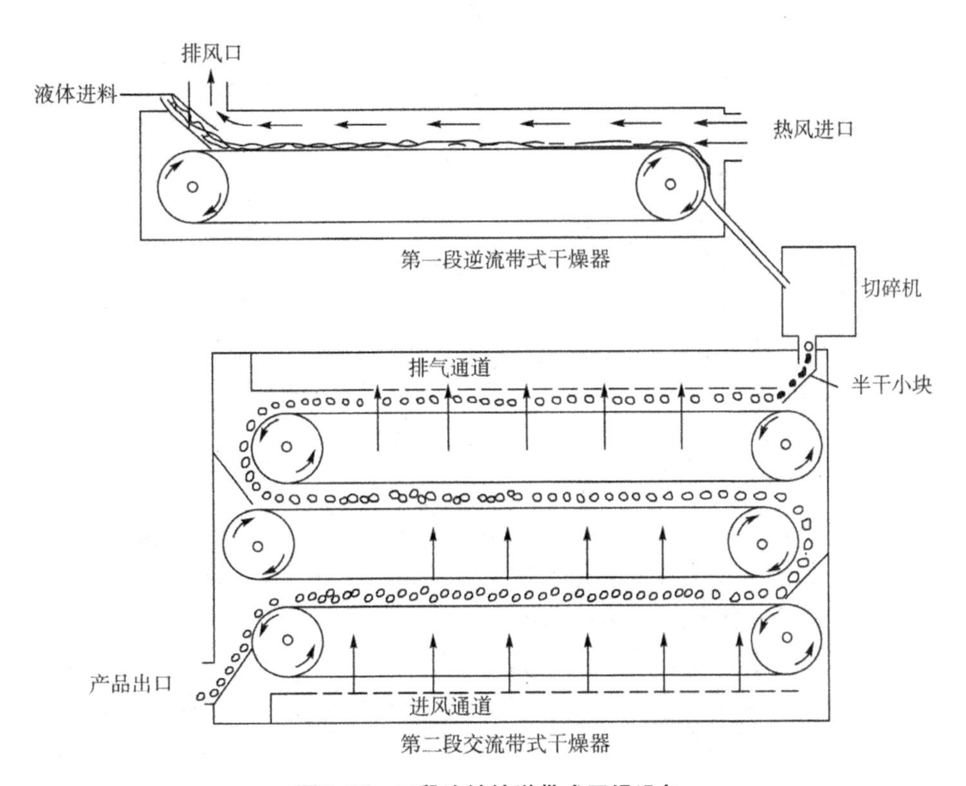

图6-22　二段连续输送带式干燥设备

（3）隧道式干燥。隧道式干燥结构简单，有广泛适应性，干燥迅速，不易受损，各物料的整个干燥过程基本一致。

隧道式干燥有三种不同的形式，如图6-23（a）所示为顺流隧道式干燥器、如图6-23（b）所示为逆流隧道式干燥器、如图6-23（c）所示为混流隧道式干燥器。

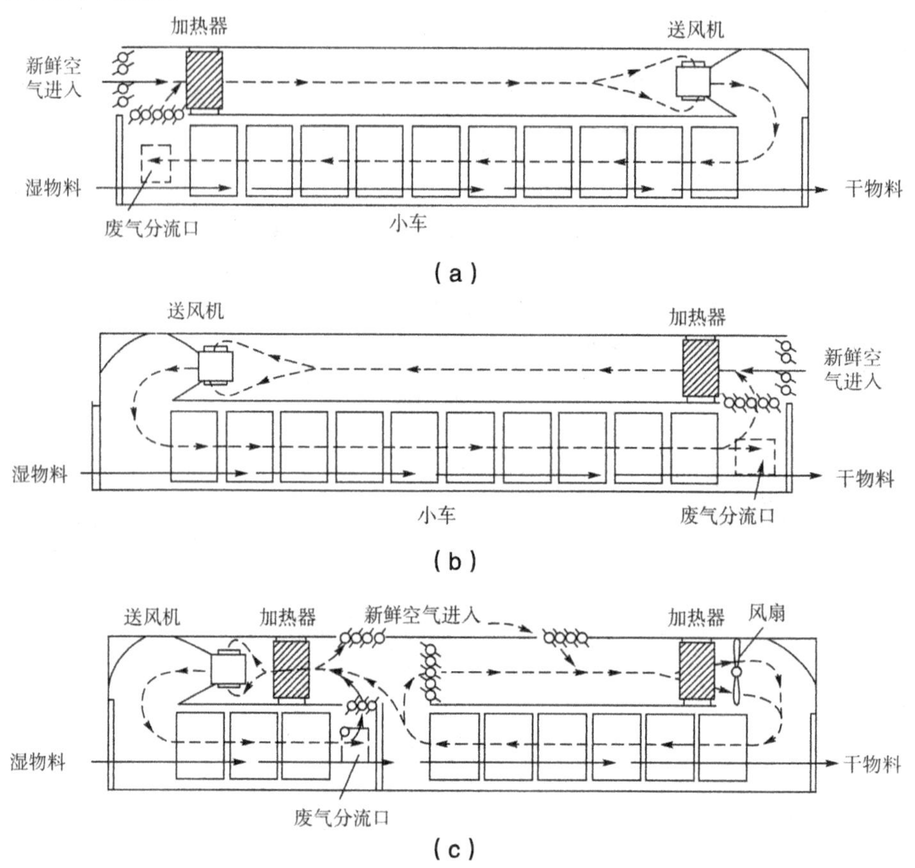

图6-23 隧道式干燥器

（4）气流干燥。气流干燥就是将粉状或颗粒状食品悬置在热空气气流中进行干燥的方法。只有能用气流输送的物料才能采用此法。一般需首先用其他干燥方法将物料干燥到水分低于35%或40%。此法不适用于干制时易结块或交错互叠（即交织）的物料。

当然，食品进行气流干燥所使用的设备多种多样，在此列举一种最具代表性的干燥器供读者参考，如图6-24所示为典型的气流干燥设备示意图。

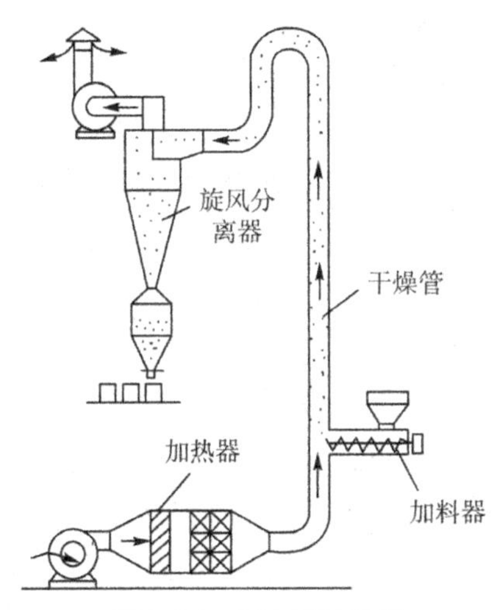

图6-24　气流干燥设备

（5）箱式干燥。箱式干燥主要采用强制通风方式，分平行流和穿流两种形式，其所使用的也是比较简单的间歇性干燥设备，如图6-25所示为箱式干燥设备示意图，有时我们也将其使用的设备称为柜式干燥设备。

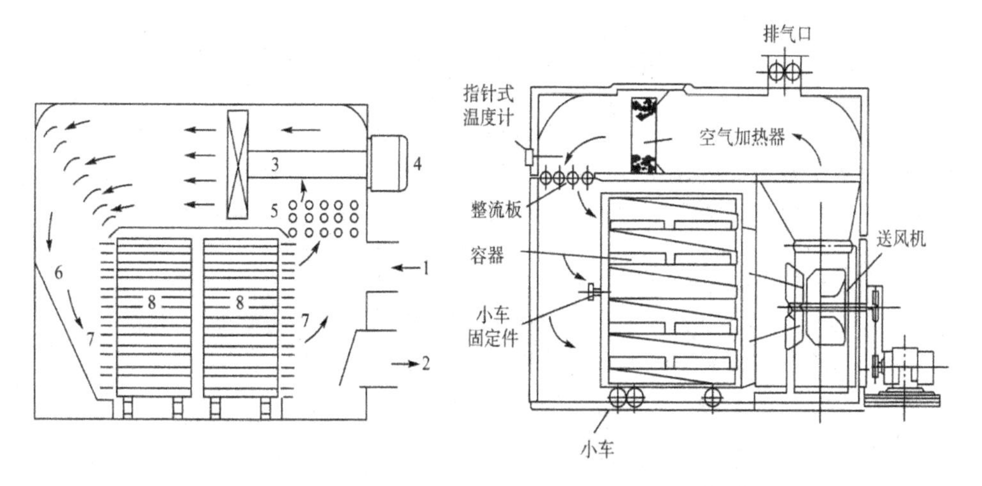

（a）平行流箱式干燥机　　（b）穿流箱式干燥机

图6-25　箱式干燥器

1—空气进口；2—废气出口及调节阀；3—风扇；
4—风扇电动机；5—空气加热器通风道；
6—可调空气喷嘴；7—料盘及小车；8—整流板

（6）流化床干燥。流化床广泛应用于颗粒状食品物料的干燥，尤其是50～2000μm的粉末和颗粒状产品。流化床干燥设备主要由四大部分构成：均风板、通风室、自由空化区域和气流净化系统。目前流化床干燥设备类型很多，如图6-26所示为当前使用最多的均匀混合流化床干燥设备示意图。

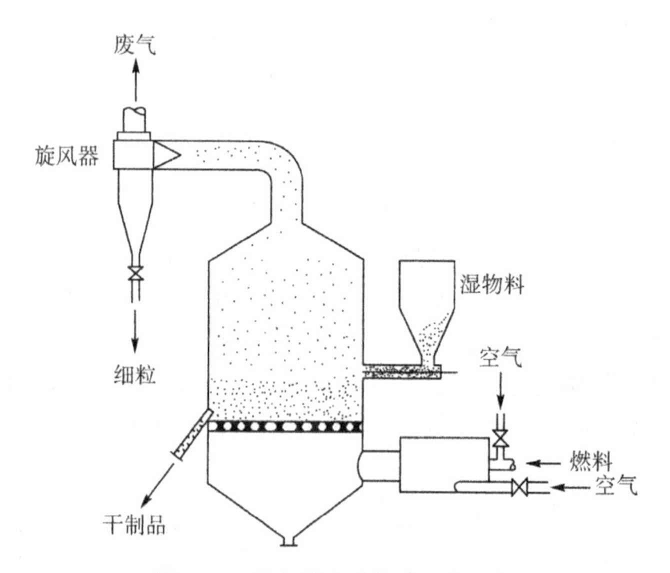

图6-26　均匀混合流化床干燥设备

除了上述我们所说的这种均匀混合流化床干燥设备外，还有一种较为特殊的流化床干燥设备，那就是离心式流化床干燥设备，如图6-27所示。

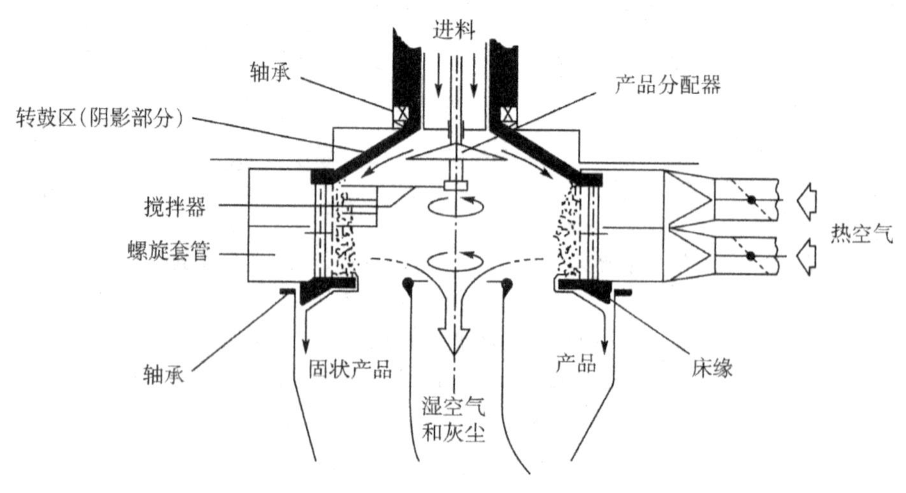

图6-27　离心式流化床干燥设备

这种干燥设备将离心率与流化床干燥进行结合，由于离心力超过了重力，增加了表观密度，因而能在更高的空气流速中平稳、均匀地流化。空气流速的提高改善了热量的传递，于是能用较低的空气温度进行干燥，解决了高温干燥时常出现的焦化或表面层受热过度等问题。试验结果表明，用离心式流化床干燥时，在热空气温度为115.60℃，空气流速为12m/s的工艺条件下，干燥时间不到6min就能将9.5mm × 9.5mm × 7.9mm立方块苹果的质量降低50%。

（二）接触干燥

接触干燥是指将湿物料贴在加热表面（浅盘、滚筒、转鼓等）上进行填干燥的方法，干燥所需的热量主要通过传导的方式传给湿物料。这种干燥方法的特点是干燥强度大，相应能量利用率高。

最常用到的接触干燥设备有转鼓干燥机、搅拌式干燥机、圆盘干燥机等。

（1）转鼓干燥机。转鼓干燥是在缓慢转动和不断加热的转鼓表面上形成物料薄膜，转鼓在转动过程（一周）中完成干燥过程，在周期结束时用刮刀把我们所进行干燥后的产品刮下。

转鼓干燥可用于液态、浆状或泥状物料（如脱脂乳、番茄汁、马铃薯泥、肉浆等）的干燥。经过转鼓转动一周的干燥物料，其干物质可以从3% ~ 30%增加到90% ~ 98%，干燥时间仅为几秒至几分钟，正是因为其用时少的优点，因此很多时候会采用这种类型的干燥机对所要进行干燥的食物进行干燥处理。

如图6-28所示为转鼓干燥机的结构。

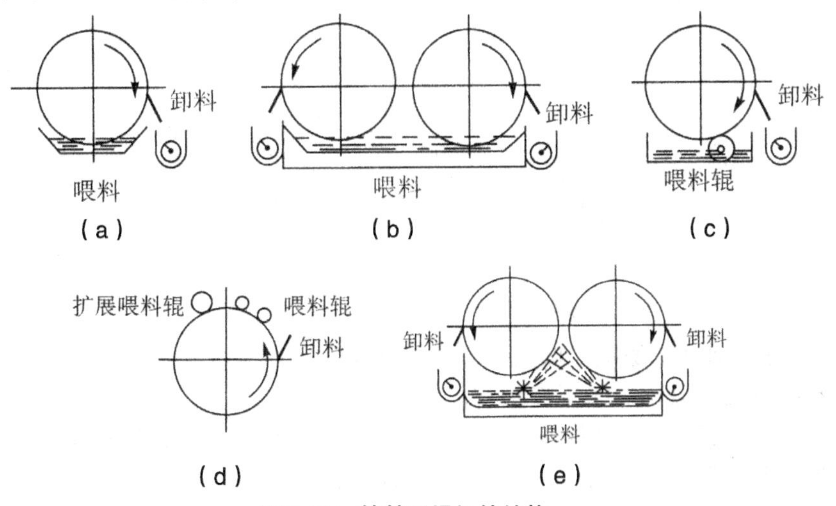

图6-28　转鼓干燥机的结构

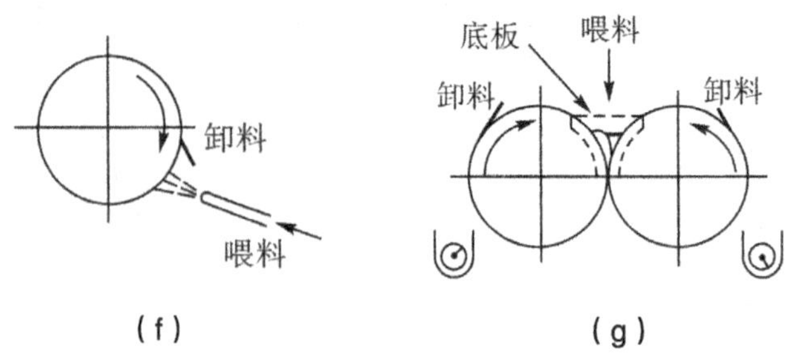

图6-28 转鼓干燥机的结构（续图）

转鼓干燥本身的局限性限制了它在食品工业中的应用。为了实现快速干燥，转鼓表面温度总是很高，这会使食品带有煮熟味和呈不正常的颜色。真空干燥温度可以降低，但与常压下转鼓干燥和喷雾干燥相比，设备和操作的费用都很高。

对不易受热影响的食品来说，转鼓干燥却是一种费用最低的干燥方法。和喷雾干燥比较，转鼓干燥的食品多少会带有一些煮熟的风味，用此法干制的乳粉不宜作为饮料，但用于对生产风味要求不高的食品中作为配料还是适宜的。

（2）搅拌式干燥机。如图6-29所示为一种水平圆筒形搅拌式干燥机，在水平安装的带有夹套的圆筒体内，沿设备中心设置一根旋转轴，轴上装有许多搅拌桨叶，加热面为圆筒夹套，中心旋转轴内为载热体进入通道，在物料出口处可以通过改变搅拌桨叶方向和角度来调节物料在筒内的滞留时间。

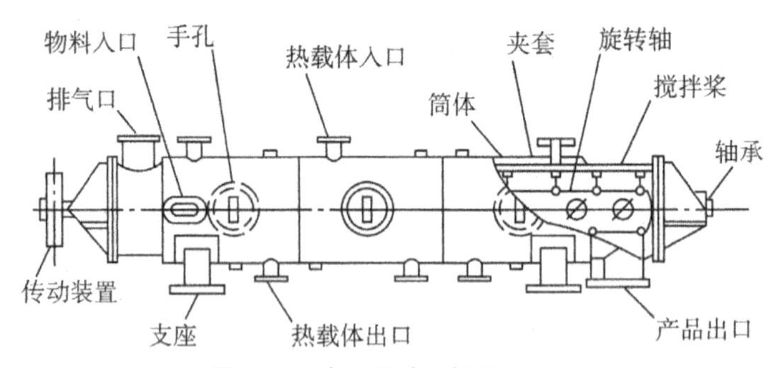

图6-29 水平圆筒形搅拌式干燥机

（3）圆盘干燥机。圆盘干燥机是接触加热干燥的一种机型。其主要部件是空心加热盘，圆盘干燥机有以下两种形式。

1）立式结构，如图6-30所示为立式圆盘干燥机。利用这种类型的机器将湿物料从最上一盘加入，依次落入以下各盘，盘上有耙齿搅拌，干燥后物料由最低一盘排出。

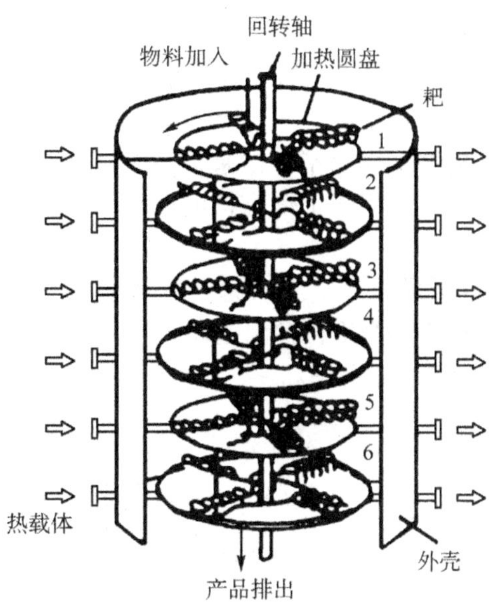

图6-30　立式圆盘干燥机

2）卧式圆盘干燥机，如图6-31所示为卧式圆盘干燥机示意图。通过该干燥机将湿物料从一端进入而从另一端排出，空气逆流流动。夹套、空心轴、空心叶片通入水蒸气或热水加热。这种形式干燥酒糟效果良好，属于节能型干燥器之一。

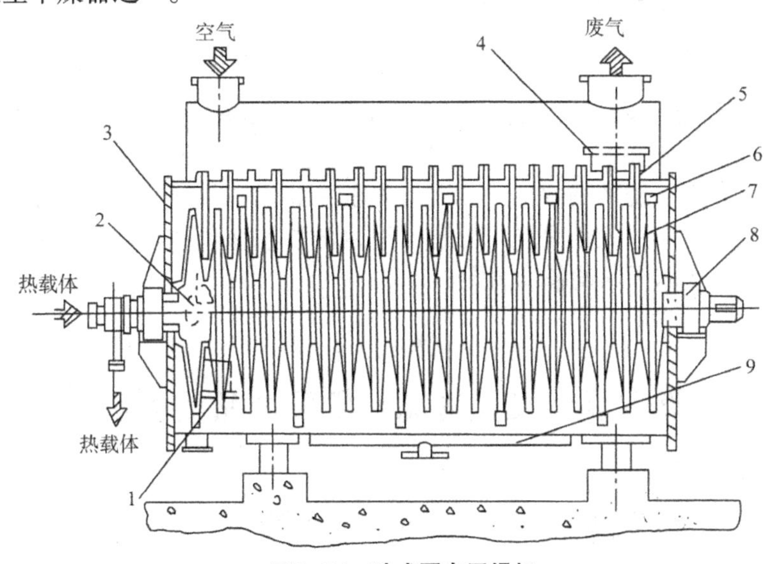

图6-31　卧式圆盘干燥机

1—产品出口；2—空心轴；3—壳体；4—进料口；5—刮刀；
6—抄板；7—干燥盘；8—轴；9—夹套

（三）真空干燥

低于大气压下进行的干燥称为真空干燥，物料温度大于0℃的真空干燥为普通真空干燥，小于0℃的真空干燥为冷冻升华干燥。真空干燥的目的主要有两方面，一是提高干燥速率，二是提高干制品品质。真空干燥装置的操作费用较高，一般只适用于干燥高档的原料或水分要求降得非常低时易受损害的产品。

（1）普通真空干燥。真空干燥时食品温度和干燥速度取决于真空度和物料受热强度。真空干燥室内热量通常借传导或辐射向食品传递。如图6-32所示为真空干燥系统示意图。

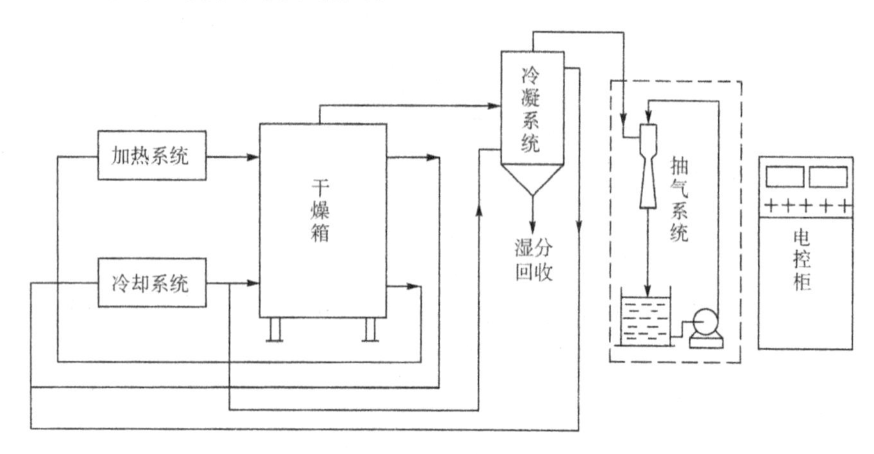

图6-32 真空干燥系统

（2）冷冻干燥。真空冷冻干燥是先将湿物料冻结到共晶点温度以下，使水分变成固态的冰，然后在适当的温度和真空度下，使冰升华为水蒸气，再用真空系统的捕水器（水汽凝结器）将水蒸气冷凝，从而获得干制品。干燥过程实质上就是在低温低压下水的物态变化和移动的过程，如图6-33所示为冷冻干燥设备示意图。

第六节　现代物流与发酵食品的关系

一、现代物流在原料运输中的应用技术

（一）RFID技术

射频识别技术（Radio Frequency Identification，RFID）是一种非接触式

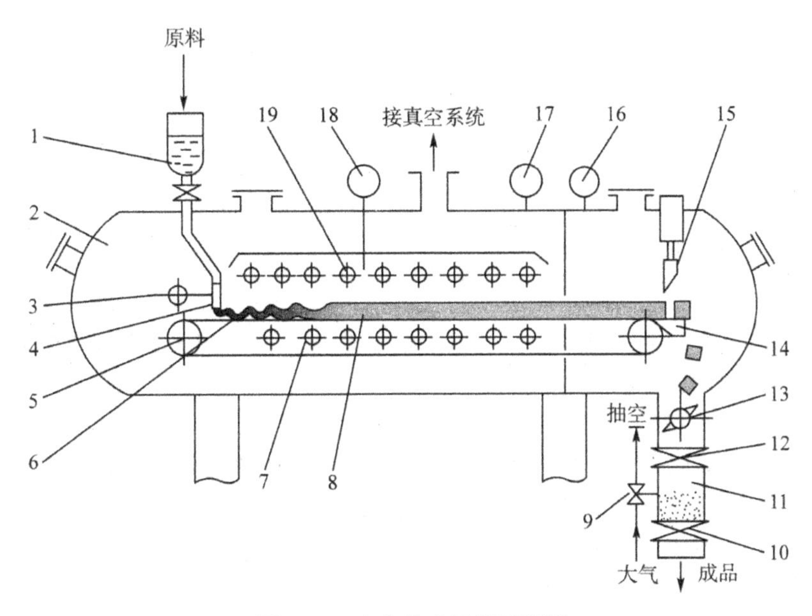

图6-33 真空冷冻干燥示意图

1—原料槽；2—室体；3—喷嘴拖动机构；4—喷嘴；
5—传送带拖动辊系；6—传送带；7—下加热器；
8—物料层；9—三通阀；10—下闸阀；11—成品仓；
12—上闸阀；13—粉碎机；14—剥离机构；
15—剪切机构；16、18—温度表；17—真空表；19—上加热器

的自动识别技术，它类似于雷达原理，通过射频信号自动识别目标对象并获取相关数据，无须人工干预，可工作于各种环境中，从而实现非接触式目标的识别与跟踪。一个最基本的RFID系统由3部分组成：标签（tag）、读写器（reader）和天线（antenna），其工作原理是：读写器通过天线发射出一定功率的射频信号，当电子标签进入读写器天线的辐射场区时，射频能量激活电子标签使之进入工作状态，被激活的电子标签利用反射调制技术将内存的代码信息反射回读写器，读写器与电脑相连，接收到反射回的信号后，经过解调处理，获得电子标签识别代码信息，完成自动识别过程，同时这些信息被传送到电脑上进行下一步处理。

基于RFID构建食品物流系统，实现对食品物流的全程监控、自动识别等功能，不仅能够满足食品生产、储存、分拣以及库存管理等业务的需要，还能实现对物流运输状况的实时监控，完善物流系统的及时调度功能，提高食品供应链的透明化。

在运输管理中，在途运输的食品和车辆贴上RFID标签，运输线的一些

检查点安装上 RFID接收转发装置。接收装置收到RFID标签信息后，连同接收地的位置信息上传至通信卫星，再由卫星传送给运输调度中心，送入数据库中，这样可以加强对运输途中食品的监控。

（二）GPS技术

全球定位系统（Global Positioning System，GPS）的原理是卫星不间断地发送自身的星历参数和时间信息，用户接收到这些信息后，经过计算求出接收机的三维位置、三维方向以及运动速度和时间信息。

GPS技术的应用始于军事领域，但随着近年来GPS技术的民用化，它逐渐成为全球性工具，在陆地上的移动信息系统方面，GPS技术逐步被应用到交通运输的领域中。

GPS车辆监控系统就是把全球卫星定位（GPS）技术、无线通信技术和地理信息（GIS）技术相结合，用以监控车辆所在位置和状态的安全保障系统。此系统通过GPS定位技术获得被监控车辆的地理位置和一些附加信息（如速度、方向等），然后通过无线通信网把信息传到监控中心，并通过监控软件在监控中心的电子地图上显示出来，从而达到监控的目的。

GPS车辆监控系统应用于原料运输，能实时获取车辆的运行位置及众多信息，实现对车辆的快捷、准确的连续定位和监控，管理人员可以在监控管理中心对每一入网车辆的运行位置、运行情况进行自动分析，并通过无线通信手段下发合适的指令，从而实现运输车辆的实时监控、实时调度、智能配货、全程追踪、综合信息查询等增值服务，这些服务可以极大提高物流的透明度，有利于食品的溯源。

二、现代物流在食品加工过程中的应用

（一）RFID技术的应用

1. 生产环节

在食品生产制造环节应用RFID技术，可以完成生产线自动化运作，实现对整个生产线上的原料、半成品和产成品的识别与跟踪，减少人工识别成本和出错率，提高效率和效益。同时，RFID技术还可以使企业有效整合业务流程，提高市场应变能力，为客户提供更多的个性化服务，提高客服水平。

2. 存储环节

RFID应用到食品物流系统的库存管理中，能够实时掌握食品的库存信息，从中了解每种食品的需求模式，及时进行补货，提高库存管理能力，实现自动化的存货和取货等操作。将 RFID读写设备设置在食品出库、入库

的托盘和库房中的货架上，不仅能够实现写入信息和出入库扫码等工作，还可实时获取食品从入库到待发区的所有环节的信息，提升库存的信息化管理水平，减少食品误置、送错、损坏和出货错误等造成的损耗，实现出入库的准确性和快捷性，提高服务质量。此外，RFID的应用可极大地降低人工作业量，降低成本，提高作业效率。

（二）EDI系统的应用

电子数据交换系统（Electronic Data Interchange，EDI）俗称为“无纸交易”，是通过电子方式，采用标准化的格式，利用计算机联网进行结构化的数据传输和交换，如采购文件、订货文件、运输文件、电子转移交换等。EDI的使用效果：第一，只要输入资料准确，就能准确无误地使一台计算机与另一台计算机交换资料；第二，信息以电子方式处理和传送，减少文件相关业务；第三，缩短所需时间；第四，提高顾客服务的质量，增强顾客的满意度；第五，企业为销售而订货物可以及时到达，缩短库存决定周期和补充周期，安全库存也减少到最佳状态。

雀巢公司为世界最大的食品公司，总部位于瑞士，主要产品涵盖婴幼儿食品、乳制品及营养品类、饮料类、冰淇淋、冷冻食品、巧克力糖果等。1999年台湾雀巢与家乐福合作，建立了整个供应商管理库存（Vender Management Inventor，VMI）计划的运作机制，增加了商品的供应率，降低了家乐福库存持有天数，缩短了订货前置时间，降低了双方物流作业的成本。在系统方面，双方有各自独立的内部企业资源计划ERP（Enterprise Resource Planning）系统，彼此不兼容，在推动计划的同时，家乐福也正在进行与供应商以EDI联机的推广计划，与雀巢的VMI计划也打算以EDI的方式联机。此外，企业利用EDI时还可以关注供应链参与各方之间传送信息的及时性和有效性，并利用这些信息来实现企业各自的经营目标和整个供应链活动的效率化。

（三）AGV小车

自动引导小车（Automated Guided Vehicle，AGV）又称无人搬运车，是指装有自动导引装置，能够沿规定的路径行驶，在车体上还具有编程和停车选择装置、安全保护装置以及各种物料移载功能的搬运车辆。一般以电池为动力，目前也有用非接触能量传输系统——CPS（Contactless Power System）为动力的，若采用非接触导航（导引）装置，可实现无人驾驶的运输作业。

内蒙古蒙牛乳业（集团）股份有限公司的六期工厂的智能化车间，采用比利时的AGV小车，是在下方蓝色地板上输送平铺状态的内包装材料，纸张放入下方的灌装设备，设备将其压成盒装，使牛奶的灌装和压成盒装同时进行。此外，在空中滑行的日本空中小车用来输送外包装材料，即牛皮纸箱，可以自行坐电梯上和下，到适当位置自动停下来，稍后横跨整个车间滑行，把纸箱放到下方的牛奶装箱位置。

三、现代物流在成品配送中的应用

（一）POS系统的应用

销售时间地点系统（Point of Sale，POS），包含前台POS系统和后台MIS系统两大基本部分。前台POS系统指通过自动读取设备直接读取商品销售信息，实现前台销售业务自动化，对商品交易进行实时服务管理，并通过通信网络和计算机系统传送至后台，通过后台计算机系统（MIS）的计算、分析与汇总等掌握商品销售的各项信息，为企业管理者分析经营成果、制定经营方针提供依据，以提高经营效率的系统。后台MIS（Management Information System）又称管理信息系统，负责整个商场进、销、调、存系统的管理以及财务管理、库存管理、考勤管理等。

POS系统的运行步骤：①零售商销售的商品都贴有表示该商品信息的条形码；②顾客购买商品结账时，收银员使用扫描读数仪自动读取商品条形码标签上的信息，通过店铺内的微型计算机确认商品的单价，计算顾客购买总金额等，同时返回给收银机，打印出顾客购买清单和付款总金额；③各个店铺POS通过增值网（VAN）传送给总部或物流中心；④总部、物流中心和店铺利用POS来进行库存调整、配送管理、商品订货等作业，通过信息加工分析来掌握消费者购买动向，找出畅销商品和滞销商品，进行商品品种配置、商品陈列、价格设置等方面的作业；⑤在零售商与供应链的上游企业（批发商、生产厂家、物流业者等）结成战略联盟的条件下，零售商利用VAN以在线的方式把POS传送给上游企业，上游企业可以利用销售现场最及时准确的销售信息制订经营计划、进行决策。

（二）EOS系统的应用

电子订货系统（Electronic Order System，EOS）是零售商、批发商、制造商运用电脑订购商品进行全面管理的技术，可以迅速准确地传递订货信息，掌握商品信息，构筑一个不缺货、不出错、不延迟的进货、检货、补货系统。

在实际运行时，POS与EOS高度结合，通过EDI实现高质量信息的传递，可满足零售商和供应商之间的信息传递。

（三）RFID技术的应用

将RFID设备安装在配送车上，还能够实时管理运输途中的食品。零售商收货时，通过 RFID设备的认证，可以确认货物信息。

以葡萄酒为例，据说，中国市面上1982年的拉菲比拉菲酒庄当年的总产量还要多，要想喝上真正的拉菲该如何辨别呢？其实企业只要通过在生产线封装生产RFID标签，给每瓶葡萄酒一个“电子身份证”，就能在包装线实现数据的采集进行防伪，对流通环节中的产品进行识别、读取和验证，可进行产品追溯、生产管理、仓储和物流管理、销售管理、辅助决策等，而消费者可以通过RFID查询产品的真伪，了解产品的来龙去脉。

现代物流是一种综合性物流活动模式，这一活动的运行依赖物流信息技术的运用，因此物流信息化是物流现代化的重要标志，如RFID技术应用领域广阔，可用于移动车辆的自动识别、资产跟踪、生产过程控制等。由于射频标签成本较高，目前在物流过程中多用于可回收托盘、包装箱的识别。对于食品行业，RFID可以为每一件货品提供单独的身份识别及储运历史记录，从而提供一个详尽且具有独特视角的供应链，使食品行业彻底实现“源头”食品追踪和供应链中的完全透明。在未来几十年里，智能标签将大量应用于食品领域，免除跟踪过程的人工干预，并提供100%准确的物流数据，因而具有巨大的吸引力。

参考文献

[1] 李玉英 . 发酵工程 [M]. 北京：中国农业大学出版社，2009.

[2] 王博岩，金其荣 . 发酵有机酸生产与应用手册 [M]. 北京：中国轻工业出版社，2000.

[3] 谢广发 . 黄酒酿造技术 [M]. 北京：中国轻工业出版社，2010.

[4] 葛绍荣，乔代蓉，胡承 . 发酵工程原理与实践 [M]. 上海：华东理工大学出版社，2011.

[5] 俞俊堂，唐孝宣 . 生物工艺学 [M]. 上海：华东理工大学出版社，2005.

[6] 邱立友 . 发酵工程与设备 [M]. 北京：中国农业大学出版社，2007.

[7] 程殿林 . 啤酒生产技术 [M]. 北京：中国化学工业出版社，2009.

[8] 李华，王华，袁春龙，等 . 葡萄酒工艺学 [M]. 北京：科学出版社，2007.

[9] 陈福生 . 食品发酵设备与工艺 [M]. 北京：化学工业出版社，2011.

[10] 胡永红，欧阳平凯 . 苹果酸工艺学 [M]. 北京：化学轻工业出版社，2009.

[11] 侯红萍 . 发酵食品工艺学 [M]. 北京：中国农业大学出版社，2016.

[12] 于海杰 . 食品贮藏保鲜技术 [M]. 武汉：武汉理工大学出版社，2017.

[13] 樊明涛，张文学 . 发酵食品工艺学 [M]. 北京：北京科学出版社，2014.

[14] 高彦祥 . 食品添加剂 [M]. 北京：中国轻工业出版社，2011.

[15] 孙长涛 . 直投式高活性果蔬醋酸发酵剂制备 [D]. 江西农业大学，2013.

[16] 曾洁，李颖畅 . 果酒生产技术 [M]. 北京：中国轻工业出版社，2011.

[17] 郭晓芸 . 发酵肉制品的营养、加工特性与研究进展 [J]. 肉类工业，2009(5)：47–50.

[18] 凌静 . 发酵肉制品的现状和发展趋势 [J]. 肉类研究，2007(10)：5–7.

[19] 范学谦，邓迪夫 . 现代物流管理概论 [M]. 南京：南京大学出版社，2013.

[20] 陈锦权 . 食品物流学 [M]. 北京：中国轻工业出版社，2014.

[21] 王欣兰 . 现代物流管理概论 [M]. 北京：清华大学出版社；北京交通大学出版社，2012.

[22] 韩春然 . 传统发酵食品工艺学 [M]. 北京：化学工业出版社，2010.

[23] 李平兰，王或涛 . 发酵食品安全生产与品质控制 [M]. 北京：化学工业出版社，2005.

[24] 曾庆孝 . 食品加工与保藏原理 [M]. 北京：化学工业出版社，2002.

[25] 曾名湧 . 食品保藏原理与技术 [M]. 北京：化学工业出版社，2002.

[26] 刘建学 . 食品保藏学 [M]. 北京：中国轻工业出版社，2006.

[27] 天津轻工业学院，江南大学 . 食品工艺学 [M]. 北京：中国轻工业出版社，1995.

[28] 陈其勋 . 中国食品辐照进展 [M]. 北京：原子能出版社，1998.

[29] 赵丽芹 . 园艺产品贮藏加工学 [M]. 北京：中国轻工业出版社，2002.

[30] 赵晨霞 . 园艺产品贮藏与加工 [M]. 北京：中国农业出版社，2007.

[31] 罗云波，蔡同一 . 园艺产品贮藏加工学 (贮藏篇) [M]. 北京：中国农业大学出版社，2001.

[32] 周家春 . 食品工艺学 [M]. 北京：化学工业出版社，2008.

[33] 王丽琼 . 果蔬贮藏与加工 [M]. 北京：中国农业大学出版社，2008.

[34] 刘北林 . 食品保鲜技术 [M]. 北京：中国物资出版社，2003.

[35] 冯志哲 . 食品冷冻学 [M]. 北京：中国轻工业出版社，2001.

[36] 初锋，黄莉 . 食品保藏技术 [M]. 北京：化学工业出版社，2010.

[37] 芮汉明，李汴生 . 食品加工与保藏原理 [M]. 北京：化学工业出版社，2007.

[38] 陈学平 . 果蔬产品加工工艺学 [M]. 北京：中国农业出版社，1993.

[39] 秦文 . 农产品贮藏与加工 [M]. 北京：中国计量出版社，2007.

[40] 夏文水 . 食品工艺学 [M]. 北京：中国轻工业出版社，2007.

[41] 叶兴乾 . 果品蔬菜加工工艺学 [M]. 北京：中国农业出版社，2002.

[42] 刘建学，纵伟 . 食品保藏学 [M]. 南京：东南大学出版社，2006.

[43] 张有林，苏东华 . 贮藏保鲜技术 [M]. 北京：中国轻工业出版社，2000.

[44] 高海生，高愿军，李凤英，等 . 果蔬贮藏加工学 [M]. 北京：中国农业出版社，1999.

[45] 孙平 . 食品添加剂使用手册 [M]. 北京：化学工业出版社，2004.

[46] 赵晋府 . 食品技术原理 [M]. 北京：中国轻工业出版社，2002.

[47] 初峰，黄莉 . 食品保藏技术 [M]. 北京：化学工业出版社，2010.

[48] 孙君社 . 现代食品加工学 [M]. 北京：中国农业出版社，2001.

[49] 王颉，何俊萍 . 食品加工工艺学 [M]. 北京：中国农业科技出版社，2006.

[50] 韩艳丽 . 食品贮藏保鲜技术 [M]. 北京：中国轻工业出版社，2015.

[51] 蒋巧俊 . 食品贮藏保鲜 [M]. 北京：北京师范大学出版社，2015.

[52] 张兰威 . 发酵食品原理与技术 [M]. 北京：科学出版社，2014.

[53] 徐凌 . 发酵食品生产技术 [M]. 北京：中国大学出版社，2016.

[54] 金昌海 . 食品发酵与酿造 [M]. 北京：中国轻工业出版社，2018.

[55] 陈坚 . 发酵食品生物危害物的形成与消除策略 [M]. 北京：化学工业出版社，2016.

[56] 王传荣 . 发酵食品生产技术 [M]. 北京：科学出版社，2014.

[57] 乐活编辑部 . 发酵酵素圣经 [M]. 南昌：江西科学技术出版社，2015.

[58] 程康 . 啤酒工艺学 [M]. 北京：中国轻工业出版社，2013.

[59] 戴明辉 . 食醋制作工艺 [M]. 北京：中国劳动社会保障出版社，2007.

[60] 董胜利，徐开生 . 酿造调味品生产技术 [M]. 北京：化学工业出版社，2003.

[61] 杜连起，杜彬 . 风味酱类生产技术 [M]. 北京：化学工业出版社，2011.

[62] 杜连起，吴燕涛 . 酱油食醋新技术 [M]. 北京：化学工业出版社，2010.

[63] 冯德一 . 发酵调味品工艺学 [M]. 北京：中国商业出版社，1992.

[64] 傅金泉 . 黄酒生产技术 [M]. 北京：化学工业出版社，2005.

[65] 高福成 . 现代食品工程高新技术 [M]. 北京：中国轻工业出版社，1997.

[66] 高年发 . 葡萄酒生产技术 [M]. 北京：化学工业出版社，2012.

[67] 顾国贤 . 酿造酒工艺学 [M]. 北京：中国轻工业出版社，1996.

[68] 顾立众，翟玮玮 . 发酵食品工艺学 [M]. 北京：中国轻工业出版社，1998.

[69] 管敦仪 . 啤酒工业手册 [M]. 北京：中国轻工业出版社，1998.

[70] 郭本恒 . 功能性乳制品 [M]. 北京：中国轻工业出版社，2001.

[71] 黄仲华 . 中国调味食品技术实用手册 [M]. 北京：中国标准出版社，社，2002.

[72] 李平兰，王成涛 . 发酵食品安全生产与品质控制 [M]. 北京：化学工业出版社，2005.
[73] 林祖申 . 酱油及酱类的酿造 [M]. 北京：化学工业出版社，1990.
[74] 陆寿鹏 . 果酒工艺学 [M]. 北京：中国轻工业出版社，1999.
[75] 逯家富，赵金海 . 啤酒生产技术 [M]. 北京：科学出版社，2004.
[76] 彭德华 . 葡萄酒酿造技术概论 [M]. 北京：中国轻工业出版社，1995.
[77] 上海市酿造科学研究所 . 发酵调味品生产技术 [M]. 北京：中国轻工业出版社，1998.
[78] 苏东海 . 酱油生产技术 [M]. 北京：化学工业出版社，2010.
[79] 王福源 . 现代食品发酵技术 [M]. 北京：中国轻工业出版社，1998.
[80] 王瑞芝 . 中国腐乳酿造 [M]. 北京：中国轻工业出版社，2009.
[81] 武建新 . 乳品技术装备 [M]. 北京：中国轻工业出版社，2000.
[82] 武建新 . 乳制品生产技术 [M]. 北京：中国轻工业出版社，2000.
[83] 谢继志，等 . 液态乳制品科学与技术 [M]. 北京：中国轻工业出版社，1999.
[84] 杨天英，逯家富 . 果酒生产技术 [M]. 北京：科学出版社，2004.
[85] 曾寿瀛 . 现代乳与乳制品 [M]. 北京：中国农业出版社，2003.